国防科技图书出版基金

圆柱壳体振动陀螺
Cylindrical Vibratory Gyroscope

吴学忠　席　翔　肖定邦　吴宇列　著

国防工业出版社
·北京·

图书在版编目(CIP)数据

圆柱壳体振动陀螺 / 吴学忠等著. —北京：国防
工业出版社，2018.3
ISBN 978 – 7 – 118 – 11429 – 4

Ⅰ. ①圆… Ⅱ. ①吴… Ⅲ. ①振动陀螺仪 – 研究
Ⅳ. ①TN965

中国版本图书馆 CIP 数据核字(2018)第 041840 号

※

*国防工业出版社*出版发行
（北京市海淀区紫竹院南路 23 号　邮政编码 100048）
三河市腾飞印务有限公司印刷
新华书店经售
*
开本 710×1000　1/16　印张 11¼　字数 195 千字
2018 年 3 月第 1 版第 1 次印刷　印数 1—2000 册　　定价 88.00 元

（本书如有印装错误，我社负责调换）

国防书店：(010)88540777　　发行邮购：(010)88540776
发行传真：(010)88540755　　发行业务：(010)88540717

致 读 者

本书由中央军委装备发展部**国防科技图书出版基金**资助出版。

为了促进国防科技和武器装备发展，加强社会主义物质文明和精神文明建设，培养优秀科技人才，确保国防科技优秀图书的出版，原国防科工委于 1988 年初决定每年拨出专款，设立国防科技图书出版基金，成立评审委员会，扶持、审定出版国防科技优秀图书。这是一项具有深远意义的创举。

国防科技图书出版基金资助的对象是：

1. 在国防科学技术领域中，学术水平高，内容有创见，在学科上居领先地位的基础科学理论图书；在工程技术理论方面有突破的应用科学专著。

2. 学术思想新颖，内容具体、实用，对国防科技和武器装备发展具有较大推动作用的专著；密切结合国防现代化和武器装备现代化需要的高新技术内容的专著。

3. 有重要发展前景和有重大开拓使用价值，密切结合国防现代化和武器装备现代化需要的新工艺、新材料内容的专著。

4. 填补目前我国科技领域空白并具有军事应用前景的薄弱学科和边缘学科的科技图书。

国防科技图书出版基金评审委员会在中央军委装备发展部的领导下开展工作，负责掌握出版基金的使用方向，评审受理的图书选题，决定资助的图书选题和资助金额，以及决定中断或取消资助等。经评审给予资助的图书，由中央军委装备发展部国防工业出版社出版发行。

国防科技和武器装备发展已经取得了举世瞩目的成就，国防科技图书承担着记载和弘扬这些成就，积累和传播科技知识的使命。开展好评审工作，使有限的基金发挥出巨大的效能，需要不断摸索、认真总结和及时改进，更需要国防科技和武器装备建设战线广大科技工作者、专家、教授，以及社会各界朋友的热情支持。

让我们携起手来，为祖国昌盛、科技腾飞、出版繁荣而共同奋斗！

国防科技图书出版基金
评审委员会

V

前　　言

陀螺仪是一种感测运动体旋转的惯性元件,在航天、航空、航海、兵器等许多领域中有着广泛和重要的应用。20 世纪 40 年代,普通滚珠轴承支承的机械式陀螺仪就已经大量应用于航空领域,此后陀螺仪的类型不断更新,性能越来越好,体积越来越小。目前,市场上呈现出了机械陀螺、光学陀螺、振动陀螺以及各类新原理陀螺百花齐放的局面。可以预见在未来很长的一段时间内,应用市场的持续增长仍将促进陀螺技术的不断发展。壳体振动陀螺是振动陀螺中的一类重要分支,已经被证明具有精度高、体积小、稳定性好、抗冲击强等突出优点,适用于精确制导武器尤其是战术武器装备,有着良好的市场前景。因而开展壳体振动陀螺技术研究,对提高我国惯性导航领域的自主研发与创新能力具有重要的实际意义。

圆柱壳体振动陀螺虽然结构形式简单,但其设计和制造技术涉及板壳理论、结构动力学、振动力学、精密机械制造、控制理论等多个知识领域,国内暂时没有系统性的文献著作对其进行较为全面的介绍。本书作者根据多年的科研经验和实践体会,分别从工作原理、理论建模、动力学分析、制造工艺、测试方法和控制策略六大方面系统地阐述了圆柱壳体振动陀螺技术。书中第 2～4 章是理论部分,构建了圆柱壳体振动陀螺的理论体系模型;第 5、6 章涉及谐振子的制造工艺与方法,是实现高性能圆柱壳体振动陀螺制造的基础;第 7、8 章构成圆柱壳体振动陀螺的电路控制与补偿部分,主要包括典型的自激振荡驱动电路、力平衡控制电路,以及针对该陀螺特性设计的相关补偿方法。本书还将圆柱壳体振动陀螺的一些最新成果和进展引入其中,使读者能够尽快了解和掌握该陀螺的基础知识与前沿动态。

本书适合作为陀螺与惯导系统相关研究人员的专业技术参考资料。同时,也可作为机械、导航等学科高年级本科生或研究生的选修课教材。

本书由吴学忠等撰写,在写作过程中,国防科技大学微纳系统实验室的研究生陶溢、朱炳杰、谢迪、张勇猛等对部分章节的内容提供了重要素材和建议;研究生曲洛振和孙江坤对部分章节的绘图工作付出了辛勤的劳动,在此对他们一并表示感谢。

本书也是作者承担的国家自然科学基金委员会重点项目(51335011)的部分工作总结,在此对国家自然科学基金委员会给予的长期资助表示感谢。

由于时间与水平有限,本书难免存在纰漏与错误,敬请读者批评指正。

2017 年 4 月

于长沙

目　　录

Contents

第1章 绪 论

1.1 引 言

惯性导航系统是不依赖外界信息、不向外界辐射能量、不易受到外界干扰的自主式导航系统,应用涉及精确制导导弹、军用飞机、水面舰艇、陆地战车、单兵系统等武器装备,对武器装备的精度、可靠性、机动性、快速性等战术技术指标起决定性作用。

陀螺是惯性导航系统的关键器件,它直接决定惯性导航系统的成本和性能。按照工作原理可以将目前主要的陀螺分为三大类:①机械转子陀螺,如液浮陀螺、动力调谐陀螺、气浮陀螺以及静电陀螺等;②科里奥利振动陀螺,如半球壳体振动陀螺、圆柱体压电陀螺、微机电谐振环陀螺、音叉陀螺等;③光学陀螺,如激光陀螺、光纤陀螺和集成光学陀螺等。按照零偏漂移的大小程度,陀螺又可以分为:①惯性级陀螺,零偏漂移小于 $0.01(°)/h$,主要应用于宇航器、大型船舶以及潜水艇导航等高精度场合;②战术级陀螺,零偏漂移 $0.1 \sim 10(°)/h$,主要应用于民用飞机、卫星、中近程导弹等中等精度场合;③速率级陀螺,零偏漂移大于 $10(°)/h$,主要应用于短期导航、低成本机器人与车辆姿态传感等低精度场合。

本书介绍的圆柱壳体振动陀螺是一类重要的科里奥利振动陀螺,它通过回转壳体驻波振动的科里奥利效应实现角速度检测,由于没有磨损元件,在使用寿命方面具有天然优势。此外,由于高度的结构对称性,壳体类振动陀螺还具备精度高、工作温度范围大、启动时间短、对冲击过载不敏感等突出特点[1],近年来受到广泛关注。

1.2 科里奥利振动陀螺概述

科里奥利振动陀螺是一种无转子陀螺,它用振动元件取代传统陀螺的机械转子,实现角速度的检测。在 1998 年德国召开的陀螺技术研讨会上,美国陀螺专家 D. D. Lynch 认为科里奥利振动陀螺不仅具有所有的惯性品质,而且与另外两种固态陀螺(激光陀螺和光纤陀螺)相比,具有小型化的优势[2]。随后国际电子电气工程师协会陀螺和加速度计专门小组(IEEE GAP)编制了科里奥利振动陀螺规范格式指南和试验程序。至此,科里奥利振动陀螺已被列为具有极大发展潜力的新一类固态陀螺,受到国际惯性技术界的重视。

科里奥利振动陀螺按基体材料可分为硅材料陀螺和非硅材料陀螺;按照驱动方式可分为静电式、电磁式、压电式驱动陀螺等;按照检测方式可分为电容检测、压阻检测、压电检测、光学检测、隧道效应检测陀螺等;按照工作模式可分为速率陀螺和速率积分陀螺;按照加工方式可分为体微机械加工、表面微机械加工、LIGA 法成型的陀螺等。一般地,按照振动结构的不同,大致可分为振动梁陀螺、振动音叉陀螺、振动壳体陀螺与振动平板陀螺等。

1. 振动梁陀螺

振动梁式微陀螺的基本振动元件是一根直梁,其典型结构如图 1 – 1 所示,梁的中轴线是角速度输入轴,通过梁的振动感测输入角速度。压电驱动压电检测是这种结构陀螺最常见的驱动检测方式,其主要代表产品是日本 Murata 公司开发的 Gyrostar 陀螺。该陀螺结构简单,工作可靠,易于制造,但敏感模态与驱动模态耦合严重,不易检测,存在灵敏度不高的问题。

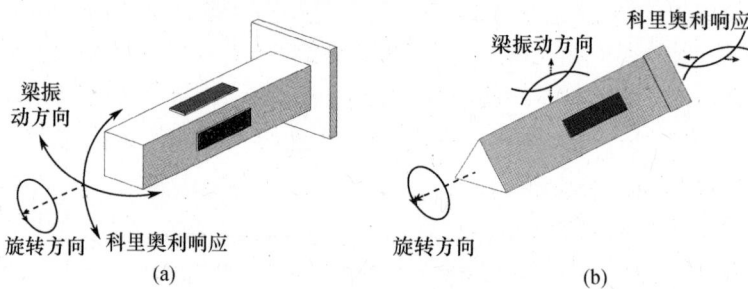

图 1 – 1　振动梁式陀螺
(a) 矩形梁结构;(b) 三角形梁结构。

2. 振动音叉陀螺

音叉式微陀螺的工作原理和振动梁式微陀螺类似,不同的是振动元件采用音叉结构(图 1 – 2),一般单个石英晶片即可刻蚀出整个音叉和支撑结构,振荡器驱动音叉彼此方向相反运动,当有角速度输入时,音叉将感受科里奥利力的扭矩而产生敏感模态的振动,该结构将陀螺的驱动模态和敏感模态分离,易于信号检测。美国 BEI Systron Donner 公司以研发该结构的陀螺为主。

3. 振动壳体陀螺

振动壳体陀螺最大特点是具有中心对称的回转壳体结构(图 1 – 3),如半球结构、圆筒结构、环形结构等。对于这种陀螺,其振动壳体的横截面上任意相互正交的两轴都可做驱动轴和敏感轴。半球壳体振动陀螺(HRG)包含半球谐振子、激励

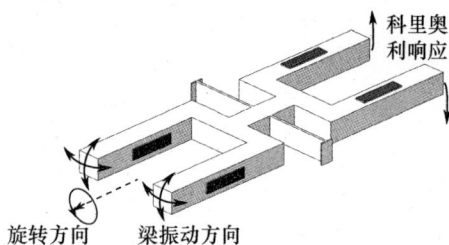

图 1-2 音叉式陀螺

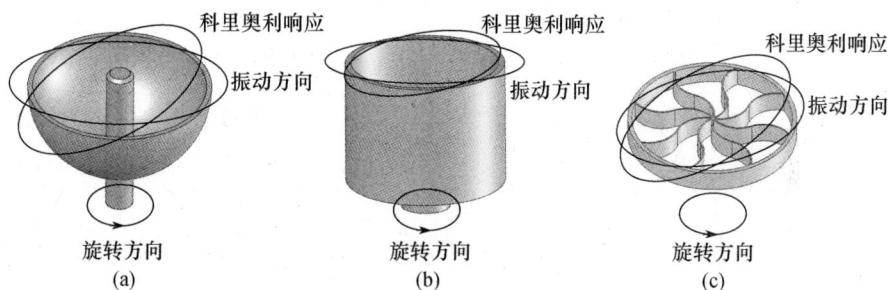

图 1-3 振动壳体陀螺
（a）半球结构；（b）圆筒结构；（c）环形结构。

罩和读出基座三部分,利用静电力作用驱动半球谐振子产生驻波振动,读出基座表面和半球谐振子内表面间的电容变化,计算谐振子位移,从而得出陀螺的旋转角度[3]。日本 Silicon Sensing Systems 公司开发过一种电磁驱动电磁检测的振动环形结构陀螺,其微结构上面设置一个永磁体,当电流流过导电支架时将产生使环形结构谐振的力,科里奥利力使环形结构运动,带动支架切割磁场,产生角速度检测电压。

4. 振动平板陀螺

振动平板陀螺(图 1-4),其振动元件虽然是平板结构,但由于振动平板的形状不同、振动形式多样,其工作方式也多种多样,故该结构的陀螺发展也很快,主要研发单位有美国 Draper 试验室、Analog Device 公司和挪威 Sensonor 公司等。美国 U. C. Berkeley 传感与执行器中心设计的表面加工工艺制造的振动轮式陀螺,只通过一个圆盘结构就可以检测两个方向的角速度输入。线振平板结构采用梳齿结构用于驱动检测,具有简单可靠、低功耗和易于集成等特点,在市场上采用该结构的陀螺较多。

表 1-1 总结了部分具有代表性的科里奥利振动陀螺产品性能。

3

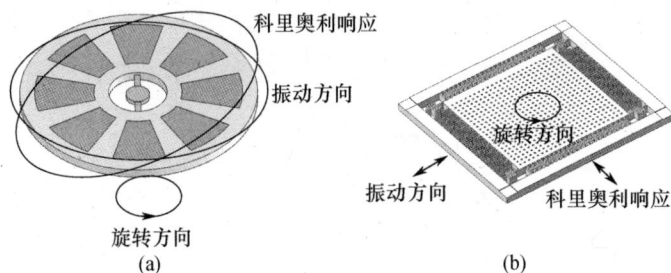

图 1 - 4　振动平板陀螺

(a) 线振动圆盘结构;(b) 线振动平板结构。

表 1 - 1　部分科里奥利振动陀螺产品性能

	振动梁结构	振动音叉结构	振动壳体结构		振动平板结构
陀螺型号	ENV - 05D - 52	QRS11	INL - CVG - GU100	CRS09	SAR150
零偏稳定性	<9(°)/s	0.01(°)/s	0.1~1(°)/h	<3(°)/h	50(°)/h
角度随机游走((°)/√h)	—	—	0.1	0.1	0.65
带宽/Hz	7	>60	150	>30	50
抗冲击性能/g		200	300	10	5000

1.3　圆柱壳体振动陀螺的研究概况

英国学者 G. H. Bryan 于 1890 年对轴对称壳体的振动研究奠定了壳体振动陀螺的理论基础,与他同时代的 Rayleigh 为描述振子的振型提供了数学分析依据,但限于制造技术,研究成果在很长一段时间没有得到实际应用,直到 20 世纪 60 年代西方国家才开始最初的尝试。美国从 20 世纪 60 年代就开始对壳体振动陀螺进行了原理性研究,并于 70 年代初进入产品研究阶段,当时的研究主要集中在半球壳体振动陀螺,设计上先后经历了"蘑菇"形结构,"酒杯"形结构,"双基"形结构阶段,采用双芯柱支撑的"双基"形谐振子减少了谐振子对外部振荡的敏感性,提高了陀螺稳定性[4]。从 20 世纪 80 年代至今,众多新结构的壳体振动陀螺逐渐问世,陀螺性能也不断提升。在美国、俄罗斯与西欧国家,高精度的半球振动陀螺已经成功应用于军事、航天等重要领域,代表了壳体振动陀螺的最高水平。另一方面,一些精度较低的圆柱壳体振动陀螺也于 20 世纪 90 年代应用到汽车领域,用于感测汽车的偏航和翻滚姿态。目前,随着壳体振动陀螺型谱的不断拓宽,近程导

4

弹、精确制导炸弹、反坦克弹、无人机、临近空间飞行器等领域都已成为其潜在应用空间。

壳体振动陀螺主要包括半球振动陀螺、圆柱形振动陀螺、微机电盘形/环形陀螺,常见的激励检测方式主要有静电式、压电式和电磁式。微尺寸(直径<10mm)的圆环形、圆盘形和圆柱形壳体振动陀螺都是基于静电激励和电容检测工作原理,微机械制造工艺,但由于体积和制造工艺的限制,陀螺的灵敏度和制造精度不高,影响了陀螺的最终性能。中型尺寸的圆柱形和半球形壳体振动陀螺不受体积限制,可采用传统机械加工工艺方法制成,陀螺的灵敏度和制造精度较高,陀螺性能也较之微尺寸的壳体振动陀螺有较大提高。中型尺寸的壳体振动陀螺的典型代表是美国 Northrop Grumman 公司的半球壳体振动陀螺,Innalabs 公司的金属圆柱壳体振动陀螺和 Waston 公司的陶瓷圆柱壳体振动陀螺[5]。其中:半球壳体振动陀螺由熔融石英制成,采用静电驱动和电容检测,陀螺性能最好(惯性级),但对加工精度和装配精度要求极高;陶瓷圆柱壳体振动陀螺由压电陶瓷材料制成,采用压电驱动和检测,机械品质因数(Q 值)和灵敏度较低,陀螺性能一般(速率级);金属圆柱壳体振动陀螺由高弹性合金材料制成,采用压电驱动和检测,Q 值和灵敏度很高,陀螺性能较好(战术级),精度已能够满足大多数战术级应用要求。

按照谐振子的材料不同,圆柱壳体振动陀螺又可以分为金属圆柱壳体振动陀螺、陶瓷圆柱壳体振动陀螺、石英圆柱壳体振动陀螺以及硅微圆柱壳体振动陀螺。

1. 金属圆柱壳体振动陀螺

英国 Marconi 公司在 20 世纪 80 年代初开发了名为 START 的筒形振动陀螺,其结构为一金属圆筒,开口端外表面粘贴 8 块压电电极,如图 1-5 所示。工作时,压电电极使圆筒的自由端产生谐振弯曲振动,通过科里奥利力及驻波进动原理达到检测角速度的目的,该陀螺最高精度为 0.01(°)/s。其改进型于 1995 年开始大批量生产,已用于海上采油平台、武器瞄准与稳定平台、各种战术制导武器、高空机载照相机稳定系统等,被选为汽车导航系统的重要元件[6]。

2007 年,Innalabs 公司开发了第一款高性能金属圆柱壳体振动陀螺,其全温度范围内零偏稳定性达到 0.5(°)/h,角度随机游走为 0.01~0.1(°)/$\sqrt{h}$,满量程线性度为 0.02%~0.05%,可抗7000g 的冲击[7]。

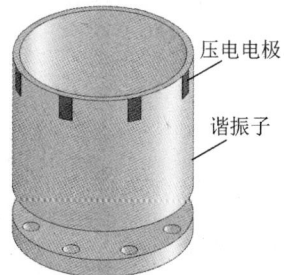

图 1-5 英国 Marconi 公司的圆柱壳体振动陀螺示意图

压电电极

谐振子

5

该陀螺的谐振子(图1-6)由CrNiTi合金经特殊热处理加工而成,品质因数高,通常可达到15000以上,且具有较低的频率温度系数,因此陀螺具有较好的灵敏度和温度特性。此外,Innalabs公司通过电路控制技术实现了陀螺的动态平衡和温度补偿,提高了产品的性能。该系列陀螺的精度已经达到甚至超过同等尺寸的光纤陀螺,并且大幅降低了成本,在陆地交通、石油勘探、稳定平台和小型卫星等领域均有应用。

(a)　　　　　　　　　(b)

图1-6　Innalabs公司的CVG系列陀螺

(a)谐振子;(b)产品全貌。

2010年,美国Watson公司制造了一款以金属-陶瓷为材料的混合结构圆柱壳体振动陀螺,如图1-7所示,其上部为金属部分,底部固定有压电陶瓷圆环[8]。相对于纯陶瓷的圆柱壳体振动陀螺,该陀螺的温度特性及零偏稳定性都得到很大提高。

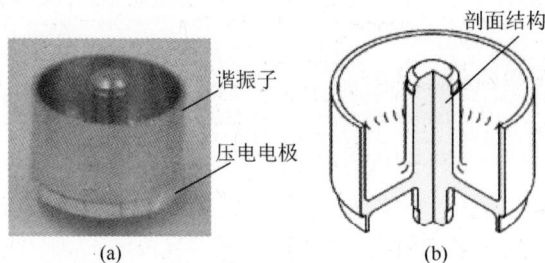

(a)　　　　　　　　　(b)

图1-7　Watson公司的金属-陶瓷混合结构圆柱壳体振动陀螺

(a)谐振子;(b)谐振子剖面结构图。

2. 陶瓷圆柱壳体振动陀螺

金属圆柱壳体振动陀螺的激励和检测通过谐振子周向均匀分布的压电电极来实现,而陶瓷圆柱壳体振动陀螺的振动则依赖于压电陶瓷自身的压电特性。但由于压电材料存在Q值低、材料各向同性不好的问题,这种陀螺一般用于低精度场合。图1-8所示为Watson公司的PRO-132-3A型陶瓷圆柱壳体振动陀螺,该陀螺的谐振子体积小,能够实现器件级真空封装,其全工作温度范围内的零偏稳定

6

图 1-8 Watson 公司的 PRO-132-3A 型陶瓷圆柱壳体振动陀螺
(a) 谐振子;(b) 真空封装表头及电路;(c) 产品全貌。

性已达到小于 100(°)/h 的水平,满量程线性度小于 0.03%,可抗 $10^4 g$ 的冲击[9]。由于该陀螺加工简单,便于批量化生产,成本较低,目前已成功用于稳定摄像平台、机器人和短时导航系统。

3. 石英圆柱壳体振动陀螺

石英材料由于存在内耗小、热膨胀系数低等优点,是制造高性能壳体振动陀螺的重要材料。图 1-9 为 Innalabs 公司制造的一系列熔融石英圆柱壳体谐振子,它们的直径为 10~25mm。其中 10mm 谐振子的 Q 值最低,测量为 10^5 左右,但也远远大于金属材料制造的陀螺谐振子,预计该型陀螺精度将达到 1(°)/h 甚至更好[7]。

2008 年,莫斯科大学制造出以高纯度单晶蓝宝石为材料,直径 20~25mm 的圆筒形振动陀螺谐振子 CRG-1,其 Q 值比熔融石英为材料的半球谐振子还要高10 倍。该陀螺谐振子的加工过程包括磨削、刻蚀、磁镀膜、离子束或电子束调平,图 1-10 为加工完毕的单晶蓝宝石谐振子。

图 1-9 石英圆柱壳体谐振子

图 1-10 单晶蓝宝石谐振子

4. 硅微圆柱壳体振动陀螺

微机电系统(MEMS)陀螺因具有体积小、成本低等特点,近年来发展也十分

7

迅速。美国密歇根大学 Najafi 等利用 Silicon – on – glass(SOG)工艺制造了一种硅微圆柱壳体振动陀螺,深度 350μm,半径 2.5mm,其结构如图 1 – 11(a)所示[10]。为了增大该陀螺的振动质量,设计人员采用了多层式圆柱壳体结构,Q 值达到 21800,目前零偏稳定性为 0.16(°)/s。2013 年,密歇根大学又采用熔融 SiO_2 材料加工出来了微半球壳体振动陀螺(图 1 – 11(b)),其谐振频率约为 10000Hz,Q 值约为 2.5×10^5,在速率工作模式下,陀螺的比例因子为 27.9mV/((°)/s),量程为 400(°)/s,角度随机游走为 0.106(°)/$\sqrt{\text{h}}$,零偏稳定性达到 1(°)/h[11]。

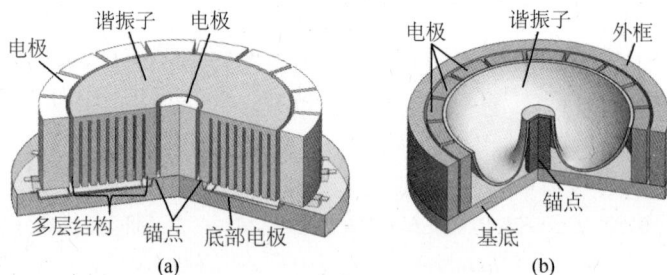

图 1 – 11　硅微壳体振动陀螺结构
(a)硅微圆柱壳体谐振子;(b)硅微半球壳体谐振子。

1.4　国内圆柱壳体振动陀螺研究

我国于 20 世纪 80 年代中期开始半球壳体振动陀螺的探索研究,通过自主研制与技术引进相结合,取得了一系列的进展。哈尔滨工业大学、电子科技集团第 26 所等单位在半球壳体振动陀螺的结构理论和控制系统设计方面已经取得一些实质性的成果[12, 13],研制的半球壳体振动陀螺样机的内外球同心度可达到 0.5μm,Q 值达 1.2×10^7。但是,由于我国先进制造业基础较为薄弱,而半球壳体振动陀螺对制造精度要求很高,因此我国半球壳体振动陀螺发展相对滞后。

在国内的高校中,哈尔滨工程大学、长春理工大学、东北大学、南京航空航天大学、重庆大学、北京信息科技大学、国防科学技术大学[14 - 17]等都对壳体振动陀螺展开过相关的理论或样机研究,但是总体而言,国内陀螺的整体性能、工程化水平和集成度与国外同类产品相比仍有一定差距,而圆柱壳体振动陀螺的研究起步更晚,理论积累不足,国外又对我国严格限制出口高性能陀螺产品。因此,立足国内现有的技术条件,开展陀螺自主创新研究,对提升我国惯性器件研制水平与惯导装备先进程度具有实际意义。

参 考 文 献

［1］杨亚非,赵辉. 固体波动陀螺［M］. 北京:国防工业出版社,2009.

［2］LYNCH D. Coriolis vibratory gyros:proceedings of the symposium gyro technology［C］. Stuttgart:1998.

［3］IZMAILOV E, KOLESNIK M, OSIPOV A, et al. Hemispherical resonator gyro technology［C］. Problems and possible ways of their solutions:proceedings of the RTO SCI International Conference on Integrated Navigation Systems, 1999.

［4］ROZELLE D M. The hemispherical resonator gyro:From wineglass to the planets［J］. Advance in the Astronautical Science, 2013,134:22.

［5］WATSON W. Vibratory gyro skewed driver and pick – off geometry［J］. IEEE Sens J, 2008,1:332 – 339.

［6］ANDERS J T, PEARSON R. Applications of the start vibratory gyroscope［J］. Gec Review, 1994,9(3):168 – 175.

［7］CHIKOVANI V V, OKON I M, Barabashov A S, et al. A set of high accuracy low cost metallic resonator CVG ［J］. 2008 IEEE/Ion Position, Location and Navigation Symposium, 2008,1 – 3:95 – 100.

［8］WATSON W S. Vibratory gyro skewed pick – off and driver geometry:proceedings of the Position Location and Navigation Symposium (PLANS)［C］. 2010 IEEE/ION.

［9］WATSON W S. Vibrating structure gyro performance improvements:proceedings of the Symposium Gyro Technology 2000［C］. Stuttgart:2000.

［10］CHO J, GREGORY J, NAJAFI K. Single – crystal – silicon vibratory cylinderical rate integrating gyroscope (CING):proceedings of the solid – state sensors［C］. Actuators and Microsystems Conference (TRANSDUCERS), 2011 16th International, IEEE,2011.

［11］CHO J, YAN J, GREGORY J, et al. High – Q fused silica birdbath and hemispherical 3 – D resonators made by blow torch molding［C］. Proceedings of the Proc IEEE MEMS, 2013.

［12］胡晓东,罗康俊,余波,等. 采用离子束技术对半球振子进行质量调平［C］. 中国惯性技术学会第五届学术年会, 2003:247 – 252.

［13］于伟. 半球谐振陀螺的信号检测技术［D］. 哈尔滨:哈尔滨工业大学, 2004.

［14］张坤. 半球陀螺加工用球头砂轮修整装置研制与修整工艺研究［D］. 哈尔滨:哈尔滨工业大学, 2008.

［15］陶溢. 杯形波动陀螺关键技术研究［D］. 长沙:国防科学技术大学, 2011.

［16］席翔. 杯形波动陀螺零偏漂移机理及其抑制技术研究［D］. 长沙:国防科学技术大学, 2014.

［17］LIU N,SU Z,LI Q, et al. Characterization of the bell – shaped vibratory angular rate Gyro［J］. Sensors, 2013,13(8):10123 – 10150.

第2章 圆柱壳体振动陀螺的
工作原理与结构

圆柱壳体振动陀螺是一种基于驻波激励和检测的壳体振动陀螺,它采用圆柱形谐振子结构,典型工作方式为压电驱动和压电检测。本章首先对振动陀螺的科里奥利效应现象进行理论简述,然后介绍圆柱壳体振动陀螺的工作原理和总体结构。

2.1 振动陀螺的科里奥利效应

振动陀螺一般拥有一个或多个振动构件,利用科里奥利效应实现对角速度的检测[1]。法国科学家 G. G. de Coriolis(1792—1843)首先提出了科里奥利加速度这一概念。一切运动都是相对的,选取的参考系不同,运动的情况也就不同。物体对于不同参考系的运动之间的关系,称为复合运动问题。参考系的选择在动力学中有着根本的意义,因为只有在惯性参考系中牛顿定律才能适用。在质点所在的运动空间,选定两个参考系,一个是定参考系设为惯性坐标系,一个是动参考系设为动坐标系 $o-xyz$,如图 2-1 所示。动坐标系相对惯性坐标系做旋转运动和平移运动,则质点相对于惯性坐标系的运动状态由质点相对于动坐标系的运动和动坐标系相对于惯性坐标系的运动两方面所决定。

设质点在惯性坐标系中的位移、速度和加速度分别为 r_i, v_i, a_i;在动坐标系中的位移、速度和加速度分别为 r_r, v_r, a_r;动坐标系相对惯性坐标系的平动位移、速度和加速度分别为 r_o, v_o, a_o,转动角速度为 $\boldsymbol{\Omega}$,则惯性系中质点的位移、速度和加速度分别为

$$\begin{cases} \boldsymbol{r}_i = \boldsymbol{r}_r + \boldsymbol{r}_o \\ \boldsymbol{v}_i = \dfrac{\mathrm{d}\boldsymbol{r}_i}{\mathrm{d}t} = \dfrac{\mathrm{d}\boldsymbol{r}_r}{\mathrm{d}t} + \dfrac{\mathrm{d}\boldsymbol{r}_o}{\mathrm{d}t} + \boldsymbol{\Omega} \times \boldsymbol{r}_r \\ \boldsymbol{a}_i = \dfrac{\mathrm{d}\boldsymbol{v}_i}{\mathrm{d}t} = \dfrac{\mathrm{d}^2\boldsymbol{r}_i}{\mathrm{d}t^2} = \underbrace{\dfrac{\mathrm{d}^2\boldsymbol{r}_r}{\mathrm{d}t^2}}_{a_r} + \underbrace{\dfrac{\mathrm{d}^2\boldsymbol{r}_o}{\mathrm{d}t^2} + \dfrac{\mathrm{d}\boldsymbol{\Omega}}{\mathrm{d}t} \times \boldsymbol{r}_r + \boldsymbol{\Omega} \times (\boldsymbol{\Omega} \times \boldsymbol{r}_r)}_{a_e} + \underbrace{2\boldsymbol{\Omega} \times \dfrac{\mathrm{d}\boldsymbol{r}_r}{\mathrm{d}t}}_{a_c} \end{cases} \quad (2-1)$$

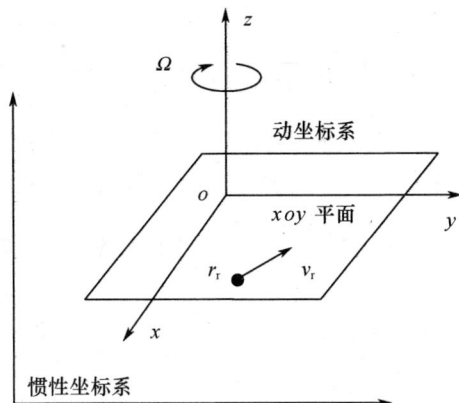

图 2-1 惯性系中转动动力学系统

这就是质点运动状态向量合成公式,其中第三等式左边为质点的绝对加速度,等式右边第一项为相对加速度 a_r,第二、三、四项称为牵连加速度 a_e,第五项称为科里奥利加速度 a_c,即惯性系中质点的加速度可简化为

$$a_i = a_r + a_e + a_c \qquad (2-2)$$

式中各项的物理意义如下:

1. 相对加速度

$$a_r = \frac{\mathrm{d}v_r}{\mathrm{d}t} = \frac{\mathrm{d}^2 r_r}{\mathrm{d}t^2} \qquad (2-3)$$

表示质点相对于动坐标系的加速度。相当于动坐标系相对惯性系静止时,所求得的质点对于惯性系的加速度。

2. 牵连加速度

$$a_e = \frac{\mathrm{d}^2 r_o}{\mathrm{d}t^2} + \frac{\mathrm{d}\boldsymbol{\Omega}}{\mathrm{d}t} \times r_r + \boldsymbol{\Omega} \times (\boldsymbol{\Omega} \times r_r) \qquad (2-4)$$

式中: $\dfrac{\mathrm{d}^2 r_o}{\mathrm{d}t^2}$ 项为动坐标系平移运动即动坐标系原点运动引起质点对于惯性系的牵连加速度; $\dfrac{\mathrm{d}\boldsymbol{\Omega}}{\mathrm{d}t} \times r_r$ 项为动坐标系旋转的角加速度引起的牵连切向加速度,即使质点相对于动坐标系静止,动坐标系仍将带动质点一起转动。因此,当动坐标系本身具有旋转运动的角加速度时,将使质点具有牵连切向加速度。 $\boldsymbol{\Omega} \times (\boldsymbol{\Omega} \times r_r)$ 项是因动坐标系旋转的角速度而引起的牵连向心加速度,如果质点相对于动坐标系静止,那么由于动坐标系的旋转运动,将带动质点做圆周运动,因而使质点具有牵连向心加速度。

11

3. 科里奥利加速度

$$a_c = 2\boldsymbol{\Omega} \times \boldsymbol{v}_r = 2\boldsymbol{\Omega} \times \frac{\mathrm{d}\boldsymbol{r}_r}{\mathrm{d}t} \qquad (2-5)$$

表示与质点相对动坐标系的相对速度以及动坐标系本身的旋转角速度有关。因为在不同时刻,质点在动坐标系中的位置不同,使质点的牵连切线速度 $\boldsymbol{\Omega} \times \boldsymbol{r}_r$ 也随时间而改变,因而产生了加速度 $\boldsymbol{\Omega} \times \frac{\mathrm{d}\boldsymbol{r}_r}{\mathrm{d}t}$;另一方面,由于动坐标系的转动改变了相对速度 $\frac{\mathrm{d}\boldsymbol{r}_r}{\mathrm{d}t}$ 的方向,这也引起加速度 $\boldsymbol{\Omega} \times \frac{\mathrm{d}\boldsymbol{r}_r}{\mathrm{d}t}$。两方面引起的加速度之和 $2\boldsymbol{\Omega} \times \frac{\mathrm{d}\boldsymbol{r}_r}{\mathrm{d}t}$ 就是科里奥利加速度。

综上所述,科里奥利加速度既不是相对加速度,也不是牵连加速度,而是一种附加加速度。它形成的原因是:当动点的牵连运动即动参考系为转动时,牵连转动会使相对速度的方向不断发生改变,而相对运动又使牵连速度的大小不断发生改变;这两种原因造成了同一方向上附加的速度变化率,该附加加速度变化率即为科里奥利加速度,它是由相对运动和牵连转动的相互影响而形成的。科里奥利加速度的方向如图 2-2 所示,垂直于牵连角速度 $\boldsymbol{\Omega}$ 与相对速度 $\boldsymbol{v}_r$,可以用右手旋进规则确定。对于振动陀螺,科里奥利力将激发其敏感结构的检测模态,是实现角速度检测的关键。

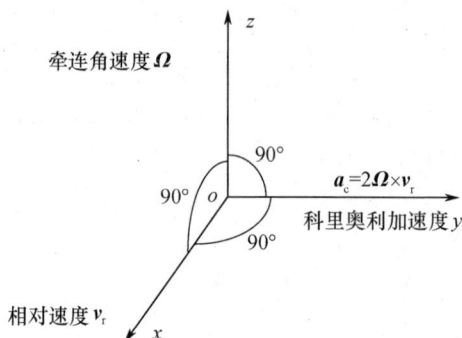

图 2-2 科里奥利加速度的方向

2.2 圆柱壳体振动陀螺的工作原理

2.2.1 基本工作原理

圆柱壳体振动陀螺的基本工作原理如下:压电/静电/电磁力激励出谐振子的驱动模态,陀螺敏感轴角速度的科里奥利力效应激励出谐振子的敏感模态,位移传感器检测出谐振子的敏感模态的振幅,最后输出信号经外围电路解调即可解算出敏感轴角速度大小。

如图 2-3~图 2-5 所示,力矩 M 作用在圆柱形谐振子的环部/底部,引起谐振环的"圆-椭圆"弯曲振动,当输入信号频率与陀螺谐振子的固有频率一致时,即可激励出谐振子的驱动模态。圆柱壳体振动陀螺谐振子在交变力作用下,其驱动力矩和响应位移都沿 z 轴中心对称(图 2-3),其驱动模态属于差分振动模式[2]。

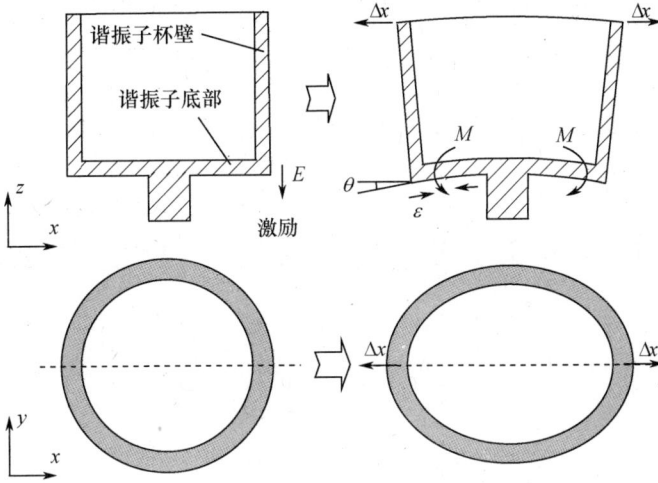

图 2-3　圆柱壳体振动陀螺的激励信号与驱动模态

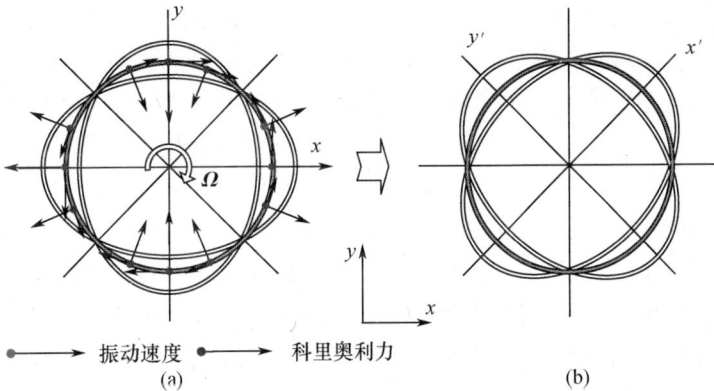

图 2-4　圆柱壳体振动陀螺的科里奥利力效应与敏感模态

如图 2-4(a)所示,圆柱壳体振动陀螺谐振子的驱动模态为谐振环在 $x-y$ 轴方向的"圆-椭圆"弯曲振动。当陀螺的敏感轴有输入角速度 Ω_z 时,谐振环上有振动速度的各点均受科里奥利力作用。谐振环上各点的科里奥利力的合力也为简谐

13

力,激励出谐振环在 $x'-y'$ 轴方向的"圆-椭圆"弯曲振动,而科里奥利力的频率与谐振子驱动模态的固有频率一致,可知科里奥利力也可激励出谐振子的敏感模态,如图 2-4(b)所示。由图 2-4(a)、(b)可知,圆柱壳体振动陀螺所受科里奥利力和响应位移都沿 z 轴中心对称,其敏感模态也属于差分振动模式。

圆柱壳体振动陀螺谐振子的敏感模态为谐振环在 $x'-y'$ 轴方向的"圆-椭圆"弯曲振动,如图 2-5 所示,该振动由谐振子上的传感器检测得到,输出检测信号。通过控制电路检测并解调输出信号,即可解算出陀螺的敏感轴输入角速度。

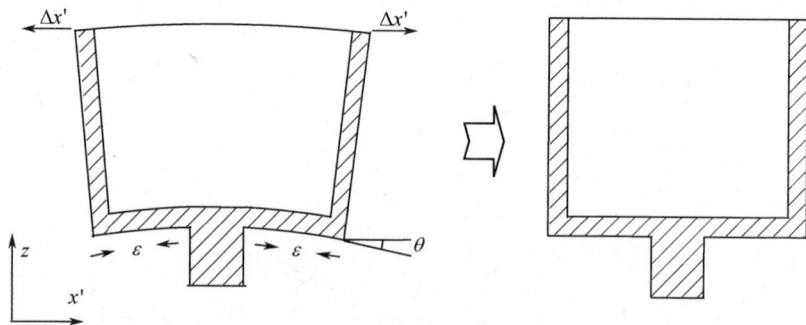

图 2-5 圆柱壳体振动陀螺的科里奥利力效应与敏感模态

2.2.2 基于压电电极的激励与检测原理

压电效应在科里奥利振动陀螺中应用较为广泛,主要有压电晶体、压电电极片和压电薄膜等形式。压电晶体式振动陀螺主要有压电陶瓷和石英晶体两类,它们不仅是驱动单元和检测单元,同时也是谐振子的振动本体,前者的典型代表有美国 Watson 公司的 RSG 系列,后者的典型代表有美国 BEI 公司 QRS11 型石英微陀螺[3]。压电薄膜通常应用于微机械陀螺,通过溅射法、金属有机化学气相沉淀法等微制造工艺制备。压电电极片制造工艺成熟,形状尺寸灵活,成本较低,在传感器的制造中已有广泛应用。

圆柱壳体振动陀螺利用压电电极的压电效应来驱动和检测谐振子的振动。采用压电电极作为陀螺的驱动和检测单元,具有驱动力大、灵敏度高等特点,同时保证了谐振子结构的高对称性和驱动检测性能可靠性,降低了陀螺的制造难度[4]。

如图 2-6 所示,8 片压电电极均匀分布在谐振子底部,且每一片压电电极的极化方向一致,通过谐振子金属结构共地。同一直径上的两片激励压电电极的下表面短接共用驱动信号,使两片压电电极的振动沿谐振子回转中心对称,以达到激励谐振子的差分振动模式的目的。同一直径上的两片检测压电电极的下表面短接共同输出检测信号,增强了陀螺检测信号输出。为降低引线和焊点对谐振子振动的影响,引线焊接在压电电极上靠近谐振子安装支杆一端。圆柱壳体振动陀螺的8片(4对)压电电极功能各不一样,其中,压电电极1、5为驱动模态的激励电极,压电电极3、7为驱动模态的检测电极,2、6为敏感模态的检测电极,4、8为敏感模态的补偿电极。可见,压电电极既是驱动元件又是检测元件,其性能既决定了谐振子的振幅,又决定了检测信号的强度,很大程度上影响了陀螺的性能。

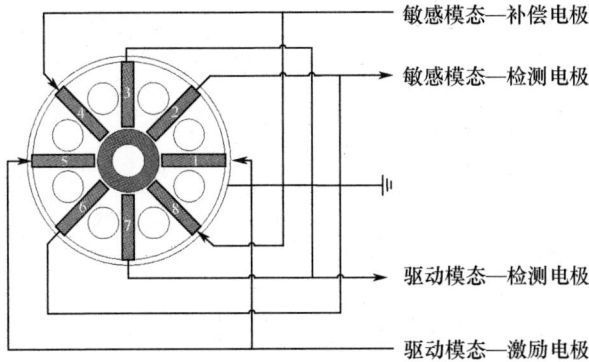

图 2-6 圆柱壳体振动陀螺的电极分布

1. 激励原理

压电材料的压电性涉及电学和力学行为之间的相互作用。由于压电方程的独立变量是可以任意选择的,因此压电材料的压电效应通常可以通过4类压电方程来描述[5]。对于振动和波形分析,第二类压电方程较为方便,即以电场强度和应变为自变量,应力与电位移为因变量表示压电方程,具体形式如下:

$$\begin{cases} T = c^E \cdot S - e^T \cdot E \\ D = e \cdot S + \varepsilon^S \cdot E \end{cases} \tag{2-6}$$

式中:S,T 分别为压电弹性体的应变张量和应力张量;D,E 分别为电位移矢量和电场强度矢量;e 为压电应力系数张量;c^E 为恒电场下的弹性刚度系数张量;ε^S 为恒应变下的介电系数张量。

为了表述方便,应力(应变)张量元素的数值下标与笛卡儿坐标系下的相应方向之间的关系如表 2-1 所列。与之类似,电场强度与电位移元素的数值下标也表示相应的坐标。

表 2-1 应力(应变)张量元素的数值下标与
笛卡儿坐标系下的相应方向之间的关系

下标	1	2	3	4	5	6
方向	xx	yy	zz	yz	zx	xy
含义	正应力(应变)			剪应力(应变)		

PZT-5 型压电陶瓷材料压电系数高、性能稳定性好,在谐振子驱动和检测中应用较多。对于压电陶瓷材料 PZT-5,其弹性刚度系数张量为对称矩阵,共包含 12 个非零分量,压电应力系数张量包含 5 个非零分量,可将式(2-6)写成分量形式如式(2-7)和式(2-8)所示。

$$
\begin{bmatrix} T_1 \\ T_2 \\ T_3 \\ T_4 \\ T_5 \\ T_6 \end{bmatrix} = \begin{bmatrix} c_{11} & c_{12} & c_{13} & 0 & 0 & 0 \\ c_{12} & c_{11} & c_{13} & 0 & 0 & 0 \\ c_{13} & c_{13} & c_{33} & 0 & 0 & 0 \\ 0 & 0 & 0 & c_{44} & 0 & 0 \\ 0 & 0 & 0 & 0 & c_{44} & 0 \\ 0 & 0 & 0 & 0 & 0 & (c_{11}-c_{12})/2 \end{bmatrix} \begin{bmatrix} S_1 \\ S_2 \\ S_3 \\ S_4 \\ S_5 \\ S_6 \end{bmatrix} - \begin{bmatrix} 0 & 0 & e_{31} \\ 0 & 0 & e_{31} \\ 0 & 0 & e_{33} \\ 0 & e_{15} & 0 \\ e_{15} & 0 & 0 \\ 0 & 0 & 0 \end{bmatrix} \begin{bmatrix} E_1 \\ E_2 \\ E_3 \end{bmatrix}
$$

$$(2-7)$$

$$
\begin{bmatrix} D_1 \\ D_2 \\ D_3 \end{bmatrix} = \begin{bmatrix} 0 & 0 & 0 & 0 & e_{15} & 0 \\ 0 & 0 & 0 & e_{15} & 0 & 0 \\ e_{31} & e_{31} & e_{33} & 0 & 0 & 0 \end{bmatrix} \begin{bmatrix} S_1 \\ S_2 \\ S_3 \\ S_4 \\ S_5 \\ S_6 \end{bmatrix} + \begin{bmatrix} \varepsilon_{11}^{S} & 0 & 0 \\ 0 & \varepsilon_{11}^{S} & 0 \\ 0 & 0 & \varepsilon_{33}^{S} \end{bmatrix} \begin{bmatrix} E_1 \\ E_2 \\ E_3 \end{bmatrix} \quad (2-8)
$$

压电陶瓷材料 PZT-5 的各参数矩阵的系数分量数值如表 2-2 所列,其中 ε_0 为真空介电常数。

表 2-2 PZT-5 各参数矩阵的系数分量数值

物理量	数值	物理量	数值
c_{11}	$14.9 \times 10^{10}\,\mathrm{N/m^2}$	c_{33}	$13.2 \times 10^{10}\,\mathrm{N/m^2}$
c_{12}	$8.7 \times 10^{10}\,\mathrm{N/m^2}$	c_{44}	$2.5 \times 10^{10}\,\mathrm{N/m^2}$
c_{13}	$9.1 \times 10^{10}\,\mathrm{N/m^2}$		
e_{31}	$-4.5\,\mathrm{C/m^2}$	ε_{11}	$2100\varepsilon_0$
e_{33}	$17.5\,\mathrm{C/m^2}$	ε_{33}	$2400\varepsilon_0$
e_{15}	$15.2\,\mathrm{C/m^2}$	ε_0	$8.85 \times 10^{-12}\,\mathrm{F/m}$

根据压电电极的极化方向和振动方向的关系,压电电极可以产生各种模式的振动。当极化方向与振动方向相同时,产生纵向振动模式,当极化方向和振动方向垂直时即产生横向振动模式。圆柱壳体振动陀螺用的 PZT-5 主要振动模式为长度伸缩振动模式,即横向振动模式,如图 2-7 所示。

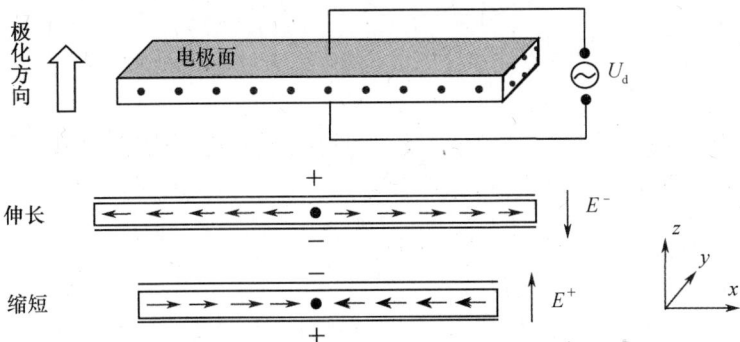

图 2 - 7 z 向极化压电电极的长度伸缩模式示意图

将压电电极粘贴至谐振子底部,即构成弯曲压电驱动器,如图 2 - 8 所示。弯曲压电驱动器输出位移为垂直于压电电极主平面的位移,通常为压电电极与壳体底部构成的复合结构。

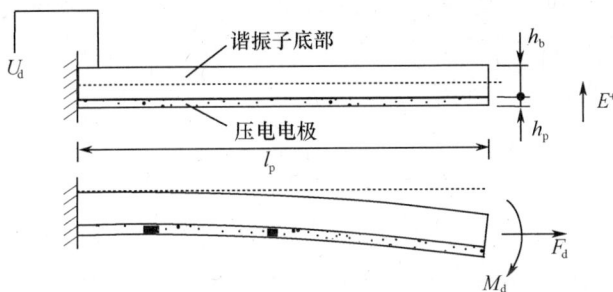

图 2 - 8 弯曲压电驱动器结构原理图

当对谐振子底部的压电电极施加交流电压信号 U_d,将在梁内产生 z 向交变电场。设某一时刻压电电极的上表面(与谐振子底部连接的表面)为负电势,下表面为正电势,如图 2 - 8 所示,压电电极内部的电场与极化方向相同,压电电极在其长度方向有缩短的趋势。由于压电电极与谐振子底部连接在一起,谐振子底部对其长度和宽度方向产生约束,而在厚度方向不产生约束,即有 z 方向电场 E_3 不产生 z 方向正应力和 xy 平面内的切应力,可得其约束条件方程为

$$\begin{cases} T_3 = 0, T_6 = 0 \\ S_4 = 0, S_5 = 0 \end{cases} \qquad (2-9)$$

根据压电材料 PZT - 5 的压电方程式(2 - 6),可得压电电极内部应力方程如下:

$$\begin{cases} T_1 = c_{11}S_1 + c_{12}S_2 + c_{13}S_3 - e_{31}E_3 \\ T_2 = c_{12}S_1 + c_{11}S_2 + c_{13}S_3 - e_{31}E_3 \\ T_3 = c_{13}S_1 + c_{13}S_2 + c_{33}S_3 - e_{33}E_3 \\ T_6 = (c_{11} - c_{12})S_6/2 \end{cases} \tag{2-10}$$

进一步考虑谐振子底部对压电电极的约束作用,由于谐振子底部的 y 向拉伸刚度和 x 向弯曲刚度较大,因此可忽略压电电极的 y 向应变,解方程式(2-10),得

$$\begin{cases} S_3 = \dfrac{e_{33}}{c_{33}}E_3 - \dfrac{c_{13}}{c_{33}}S_1 \\ T_1 = \left(\dfrac{c_{13}e_{33}}{c_{33}} - e_{31} \right)\dfrac{U_d}{h_p} + \left(c_{11} - \dfrac{c_{13}^2}{c_{33}} \right)S_1 \end{cases} \tag{2-11}$$

由式(2-11)可知压电电极内部 x 向正应力同时与压电电极外加电场和 x 向应变有关。由弯曲压电驱动器的结构特征可知,当压电电极在驱动电压的作用下,其外部 x 向作用力需要由 x 向应力来平衡,由于压电电极与谐振子底部复合结构的不对称,压电电极的 x 向应力还会在复合结构的中性面上产生弯矩用以平衡外部弯矩。也可理解为压电电极在驱动电压的作用下产生了驱动力 F_d 和驱动力矩 M_d(图2-8)。

压电电极的驱动力 F_d 可表示为

$$\begin{aligned} F_d &= \int_{h_b/2}^{h_p + h_b/2} T_1(z) b_p \mathrm{d}z \\ &= \left(\frac{c_{13}e_{33}}{c_{33}} - e_{31} \right)U_d b_p + \left(c_{11} - \frac{c_{13}^2}{c_{33}} \right)S_1 b_p h_p \end{aligned} \tag{2-12}$$

压电电极的驱动力矩 M_d 为

$$\begin{aligned} M_d &= \int_{h_b/2}^{h_p + h_b/2} T_1(z) b_p z \mathrm{d}z \\ &= \int_{h_b/2}^{h_p + h_b/2} \left[\left(\frac{c_{13}e_{33}}{c_{33}} - e_{31} \right)E_3 + \left(c_{11} - \frac{c_{13}^2}{c_{33}} \right)S_1(z) \right] b_p z \mathrm{d}z \\ &= \int_{h_b/2}^{h_p + h_b/2} \left[\left(\frac{c_{13}e_{33}}{c_{33}} - e_{31} \right)E_3 + \left(c_{11} - \frac{c_{13}^2}{c_{33}} \right)\left(\frac{2z}{h_p + h_b} \right)S_1 \right] b_p z \mathrm{d}z \\ &= U_d\left(\frac{c_{13}e_{33}}{c_{33}} - e_{31} \right)b_p \frac{h_b + h_p}{2} + S_1\left(c_{11} - \frac{c_{13}^2}{c_{33}} \right)b_p h_p \frac{3h_b^2 + 6h_b h_p + 4h_p^2}{6(h_p + h_b)} \end{aligned}$$

$$\tag{2-13}$$

式中: b_p 为压电电极的宽度; h_p 为压电电极的厚度; h_b 为谐振子底部的厚度; S_1 为压电电极中面的 x 向应变。

由于压电电极通常很薄,其内部 yz 截面 x 向应力梯度可以忽略不计,取压电

电极中面的 x 向应力 T_1 替代其内部 yz 截面的 x 向应力函数 $T_1(z)$，则驱动力矩表达式(2-13)可改写为

$$M_d = \int_{h_b/2}^{h_p+h_b/2} T_1 b_p z \mathrm{d}z$$

$$= U_d\left(\frac{c_{13}e_{33}}{c_{33}} - e_{31}\right)b_p\frac{h_b+h_p}{2} + S_1\left(c_{11} - \frac{c_{13}^2}{c_{33}}\right)b_p h_p\frac{h_b+h_p}{2} \quad (2-14)$$

由式(2-12)和式(2-14)可知，由于压电电极的驱动力和驱动力矩的作用，谐振子底部既有伸缩又有弯曲的运动趋势。而实际上对于谐振子底部而言其径向拉伸刚度 k_F 和弯曲刚度 k_M 差异较大，可分别表达如下：

$$\begin{cases} k_F = \dfrac{F}{\Delta l_x} = \dfrac{A_b E_b}{l_p} = \dfrac{h_b b_b E_b}{l_p} \\ k_M = \dfrac{M}{\Delta u_z} = \dfrac{2E_b I_b}{l_p^2} = \dfrac{h_b^3 b_b E_b}{6l_p^2} \end{cases} \quad (2-15)$$

对于压电电极的驱动力和驱动力矩的作用，由式(2-15)可知，谐振子底部外缘的 x 向位移 Δl_x 和 z 向挠度 Δu_z 分别为

$$\begin{cases} \Delta l_x = \dfrac{Fl_p}{h_b b_b E_b} \\ \Delta u_z = \dfrac{3Fl_p^2(h_b+h_p)}{h_b^3 b_b E_b} \end{cases} \quad (2-16)$$

由式(2-16)可知，$\Delta u_z \gg \Delta l_x$，谐振子底部的拉伸变形相对于弯曲变形来讲可以忽略，由此可见，压电电极与谐振子底部组成了一个弯曲压电驱动器，在压电电极上施加交流电压信号，即可驱动整个谐振子产生振动。当交流电压信号频率接近谐振子驱动模态的固有频率时，圆柱壳体振动陀螺产生驱动模态。

2. 检测原理

由圆柱壳体振动陀螺谐振子的模态分析可知，在谐振子的两个工作模态下，谐振子的壳壁为"圆-椭圆"弯曲振动模态，谐振子底部为弯曲振动模态。由此可见，在圆柱壳体振动陀螺的工作模态下，压电电极会随谐振子底部做弯曲振动。

根据压电电极的极化方向和束缚电荷的关系，当 z 向极化的压电电极随谐振子变形时，会引起材料内部正负电荷中心发生相对位移而产生电极的极化，从而导致材料相对的两个电极表面上出现符号相反的束缚电荷，而且电荷密度与压电电极的应变成正比，如图2-9所示。

根据 z 向极化压电电极的压电效应原理，将压电电极粘贴至谐振子底部，即构成弯曲压电传感器，如图2-10所示。弯曲压电传感器检测其压电电极主平面的弯曲变形，结构形式与弯曲压电驱动器一致。

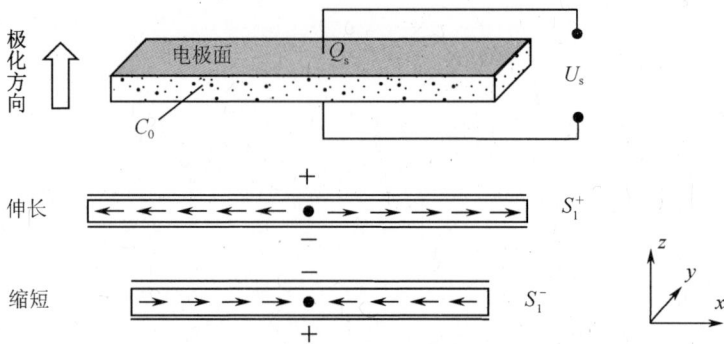

图 2-9　z 向极化压电电极的压电效应示意图

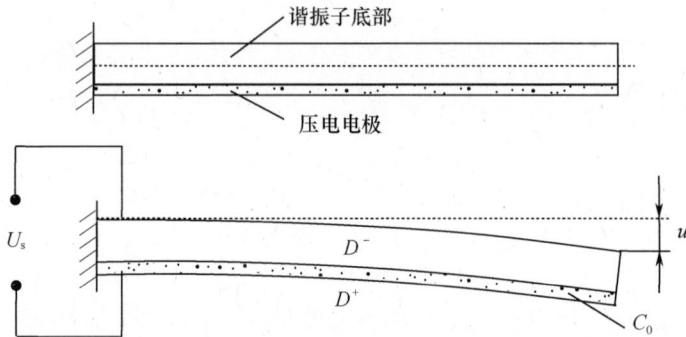

图 2-10　弯曲压电传感器结构原理图

根据欧拉-伯努力梁理论,压电电极随谐振子底部产生挠度 u 后,压电电极内部的应变以 x 向正应变为主,其中面 x 向正应变与谐振子底部的挠曲线有关,由于压电电极通常很薄,其内部 yz 截面的 z 向应力梯度可以忽略不计,取压电电极中面的 x 向应变 $S_1(x)$ 替代其内部 yz 截面的 x 向应变在 z 向变化的函数 $S_1(x,z)$。根据压电电极的压电方程式可知,在无外加电场的情况下,x 向应变 $S_1(x)$ 将在压电电极 z 表面产生电位移 D_3,表达式如下:

$$D_3(x) = e_{31}S_1(x) \qquad (2-17)$$

压电电极上下表面的检测电荷 Q_s 可表示为

$$Q_s = \int_{A_z} D_3 \mathrm{d}A = \int_0^{l_p} e_{31} S_1(x) b_p \mathrm{d}x \qquad (2-18)$$

由于圆柱壳体振动陀螺谐振时的振幅很小,相对压电电极的尺寸而言可以忽略不计。因此,压电电极的 z 向电极面间的静电容 C_0 可以近似为平行极板间电

20

容,有

$$C_0 = \varepsilon_{33} \frac{b_p l_p}{h_p} \tag{2-19}$$

由式(2-18)和式(2-19)可得,压电电极的输出检测电压 U_s 为

$$U_s = \frac{Q_s}{C_0} = \frac{e_{31} h_p S_1}{\varepsilon_{33}} = \frac{e_{31} h_p \int_0^{l_p} S_1(x)\,\mathrm{d}x}{\varepsilon_{33} l_p} \tag{2-20}$$

可见,压电电极与谐振子底部组成了一个弯曲压电传感器,能够检测谐振子底部的弯曲变形并输出检测电压。对于圆柱壳体振动陀螺的两个工作模态,无论是驱动模态还是敏感模态,谐振子上各点的振动相对关系是确定的,因此都可以通过弯曲压电传感器来实现对谐振子上各点振动的检测。

2.3 圆柱壳体振动陀螺的典型结构

典型的圆柱壳体振动陀螺谐振子由圆柱形壳体结构和压电电极组成,这种结构具有很好的对称性,工艺相对简单,对先进工艺设备的要求低,成本易于控制,适合批量生产。

如图2-11所示,谐振子结构为回转体结构,绕其角速度敏感轴(回转体中心轴)对称。该结构由谐振子壳壁、底部和支撑柱组成,8片压电电极均匀分布在谐振子底部平面内,用于激励和检测谐振子不同模态下的振动。谐振子壳壁是谐振子的主要惯性质量部分,用于产生陀螺效应,其刚度和质量较大,决定了谐振子的主要振动特性;支撑柱用于谐振子与封装外壳之间的连接。8片压电电极下表面通过引线与焊盘连接,最后接入外围测控电路。密封罩与安装基座组成的密封/真空空间,保证谐振子工作时的振动稳定性。图2-12为圆柱壳体振动陀螺谐振子的封装示意图。

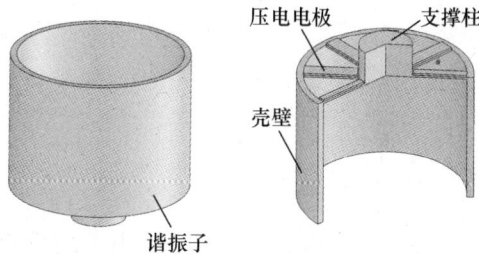

压电电极　支撑柱
壳壁
谐振子

图2-11　圆柱壳体振动陀螺谐振子的典型结构

圆柱壳体振动陀螺的主要特点如下:

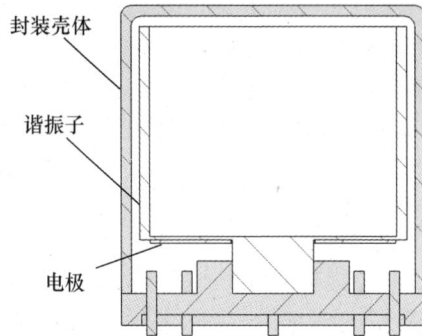

图 2 - 12　圆柱壳体振动陀螺谐振子的封装示意图

（1）全对称结构形式,具有较高灵敏度,同时圆柱面壳壁和平面底部的特殊设计使驱动检测部分与惯性质量分离,减小了驱动检测电极质量对谐振子动态特性的影响。

（2）基体材料选择面广,加工具有多样性。采用高性能合金材料加工的陀螺谐振子,具有较高的灵敏度,同时降低了加工难度和成本,适合批量生产。

（3）采用压电电极作为陀螺的驱动和检测单元,驱动力大,灵敏度高,同时确保了谐振子结构的高对称性和驱动检测性能的可靠性,降低了陀螺的制造难度。

2.4　圆柱壳体振动陀螺的衍生结构

典型的圆柱壳体振动陀螺虽然具有结构简单、易于制造加工等优点,但是也存在 Q 值较低、温度稳定性不好等显著缺陷,因此有研究工作者提出了改良型的圆柱壳体振动陀螺结构,取得了一定优化效果。

图 2 - 13(a)所示为一种变壁厚谐振子结构,它由上下两段不同壁厚的圆柱壳体组成,其中上段圆柱壳体壁厚较厚,具有较好刚度,既减小了加工变形,又增加了振动质量。下段圆柱壳体壁厚较薄,可增大谐振子响应位移,提高陀螺灵敏度。谐振子底部均匀分布的圆孔用于隔断各压电电极之间的振动耦合,避免干扰模态。相对于传统圆柱壳体振动陀螺结构,这种变壁厚设计大幅提高了谐振子的 Q 值[6]。

图 2 - 13(b)所示为一种具有梁支撑结构的谐振子,谐振环由轴向梁支撑,支撑梁上粘贴有压电电极[7]。谐振环由车削精密加工而成,侧壁由电火花加工形成梁结构。这种设计使谐振子只需要保证谐振环的高精度,能够简化加工工艺,降低生产成本。

图 2 - 13(c)所示为一种多瓣式谐振子[8]。这种结构在谐振环上具有变化的

凸起和凹陷,将质量集中在壳体的振动方向,同时形成了周期性的温度应力分布,易于在温度变化时仍然保持稳定的振动模态。

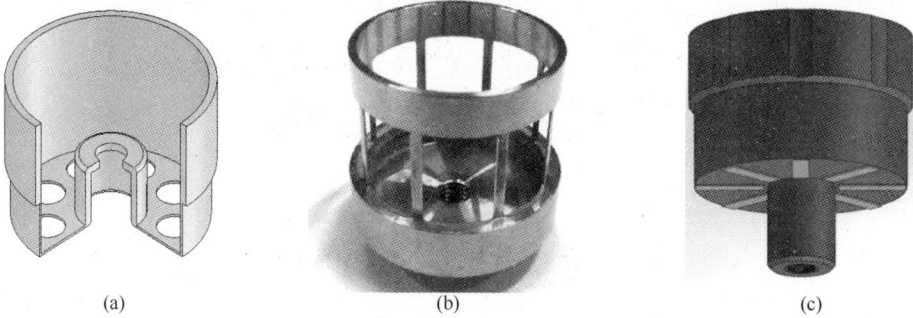

(a)　　　　　　　　　　(b)　　　　　　　　　　(c)

图 2-13　圆柱壳体振动陀螺的部分衍生结构示意图
(a) 变壁厚谐振子;(b) 梁支撑结构的谐振子;(c) 多瓣式谐振子。

　　总而言之,随着现代加工水平的不断提高,新型结构与材料的圆柱壳体振动陀螺也必将层出不穷,它们的结构优化与改进将主要围绕谐振子的 Q 值提升、灵敏度增大和加工工艺简化等方面进行。

参 考 文 献

[1] SHKEL A M. Type I and Type II micromachined vibratory gyroscopes[C]. Proceedings of the Position, Location, and Navigation Symposium[C]. San Diego:2006.

[2] 陶溢. 杯形波动陀螺关键技术研究[D]. 长沙:国防科学技术大学, 2011.

[3] NORDALL B D. Quartz fork technology may replace in gyros[J]. Aviation Week & Space Technology, 1994, 140(17):4.

[4] 谭平. 粘贴式压电陶瓷作动器主动控制研究[J]. 南京理工大学学报, 2005,29(6):2.

[5] 张福学. 压电晶体陀螺[M]. 北京:国防工业出版社, 1981.

[6] CHIKOVANI V, YATSENKO Y A, BARABASHOV A, et al. Improved accuracy metallic resonator CVG[J]. Aerospace and Electronic Systems Magazine, IEEE, 2009,24(5):40-43.

[7] TAO Y, WU X Z, XIAO D B,et al. Design, analysis and experiment of a novel ring vibratory gyroscope[J]. Sensors and Actuators a-Physical, 2011,168(2):286-299.

[8] XU X X,WU Y L,XI X,et al. Characterization and performance tests of a novel petal-shaped vibratory shell gyroscope[C]. Proceedings of the the 6th International Conference of Asian Society for Precision Engineering and Nanotechnology, Harbin, China, 15-20 August, 2015.

第3章 圆柱壳体振动陀螺的
理论分析与建模

3.1 谐振子的基本数学模型

圆柱壳体振动陀螺的谐振子属于典型的薄壁结构。通常可采用板壳理论来研究薄壁结构的振动特性,其中薄板理论的基础是 Kirchhoff 假设,薄壳理论的基础是 Love 假设[1-3]。

Kirchhoff 薄板假设:①板体材料是均匀、连续的理想弹性体;②位移和形变是微小的,薄板厚度与最小外形尺寸相比是微小的,板的最大挠度和厚度相比是微小的,并且应变和转角都远小于1;③由于板的厚度很薄,微振动时,板中面各平行层间变形中不挤压,可以忽略垂直于板方向(横)应力;④垂直于板中面的任一直线,在板弯曲变形后仍为一直线,且垂直于挠曲后的中面,这意味着剪切变形是可忽略的且中面无伸缩;⑤忽略由于弯曲引起的转动惯量,只考虑板的横向位移和截面的转动引起的惯性。

Love 薄壳假设:①壳体材料是均匀、连续的理想弹性体;②壳体的厚度比其他尺寸(如壳的中面的最小曲率半径)小;③应变和位移充分小,以致应变 - 位移关系式中,二阶和高阶量可以忽略;④径向的正应力相对其他方向正应力可以忽略;⑤变形前各截面中线的法线变形后仍然保持为直线,并垂直于中线,且中线长度无变化。

根据圆柱壳体振动陀螺谐振子的结构特点,结合 Kirchhoff - Love 假设,可将谐振子底部等效为圆环薄板模型(圆环内径为安装支杆的直径),谐振子壳壁为圆柱壳体模型,如图 3 - 1 所示,其中 R_0 为圆环薄板的内径;h_b 为圆环薄板的厚度;R 为圆柱壳体的中面半径;H 为圆柱壳体的高度;t 为圆柱壳体的厚度。采用柱坐标系 (r, θ, z) 描述谐振子上各点的位置,并在谐振子上各点建立局部坐标系 (w, v, u),分别描述谐振子上各点的轴向(z)位移分量 u,环向(θ)位移分量 v,径向(r)位移分量 w。

对圆形薄板而言,其固有振动可分为面外振动(弯曲振动)和面内振动,前者指薄板的振动方向垂直于薄板,后者指薄板的振动方向在薄板平面内。根据

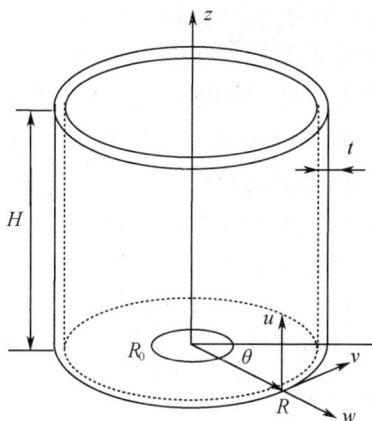

图 3 – 1 圆柱壳体振动陀螺谐振子的板壳模型及几何坐标系

Kirchhoff 假设,对其进行弹性力学分析,极坐标系下圆形薄板的无阻尼运动微分方程为

$$\frac{\partial^2 u}{\partial t^2} + \frac{D}{\rho h_b} \nabla^2 \nabla^2 u = 0 \qquad (3-1)$$

式中:$\nabla^2 = \frac{\partial^2}{\partial r^2} + \frac{1}{r}\frac{\partial}{\partial r} + \frac{1}{r^2}\frac{\partial^2}{\partial \theta^2}$ 为拉普拉斯算子;$D = \frac{E h_b^3}{12(1-\mu^2)}$ 为板的弯曲刚度,u 为泊松比;ρ 为材料密度。

式(3-1)的解为无数个简谐振动的叠加,其通解形式为

$$u(r,\theta,t) = \sum_{n=1}^{\infty} u_n(r,\theta,t) = \sum_{n=1}^{\infty} u_n(r,\theta)(A_n \sin\omega_n t + B_n \cos\omega_n t)$$

$$= \sum_{n=1}^{\infty} U_n(r)(S_n \sin n\theta + C_n \cos n\theta)(A_n \sin\omega_n t + B_n \cos\omega_n t)$$

$$(3-2)$$

式中:$U_n(r)$ 为各阶振型函数;ω_n 为对应简谐振动的固有频率。

将式(3-2)代入式(3-1),得到 $U_n(r)$ 的一般解为

$$U_n(r) = a_n J_n(kr) + b_n H_n(kr) + c_n I_n(kr) + d_n K_n(kr) \qquad (3-3)$$

式中:$J_n(kr)$ 为 n 阶第一类贝塞尔函数;$H_n(kr)$ 为 n 阶第二类贝塞尔函数;$I_n(kr)$ 为 n 阶第一类修正贝塞尔函数;$K_n(kr)$ 为 n 阶第二类修正贝塞尔函数;a_n,b_n,c_n,d_n 为与几何边界条件和力学边界条件有关的待定参数。

圆柱壳体振动陀螺谐振子的底部为圆环薄板,圆环薄板的内、外边为两个同心圆周,边界组合条件为内圆固支(安装支杆视为刚性)和外圆弹性约束(谐振子壳

壁为弹性振动部件),其运动微分方程的通解也可用式(3-3)表示。

在谐振子中,圆环薄板中心与极坐标中心重合,中心处位移有限,式(3-3)中 $H_n(kr)$ 项和 $K_n(kr)$ 项须舍去。另一方面,圆环薄板的边界条件对称于圆板的任意一条直径,振型函数的环向起点可取为任意位置,那么式(3-2)中的 $\sin n\theta$ 项亦可舍去。因此,谐振子的底部圆环薄板的某阶模态下的固有振动方程为

$$u_n(r,\theta,t) = [a_n S_n J_n(kr) + c_n S_n I_n(kr)]\cos n\theta\cos\omega_n t \qquad (3-4)$$

在圆环薄板的振动过程中,一个或多个与边界同心的圆的位移保持为零,这种同心圆称为节圆,同样,也存在一个或多个直径的位移保持为零,这种直径称为节径。在式(3-4)中,k 表示节圆的个数,n 表示节径的个数。内圆固定的圆环薄板的低阶弯曲振型如图 3-2 所示。

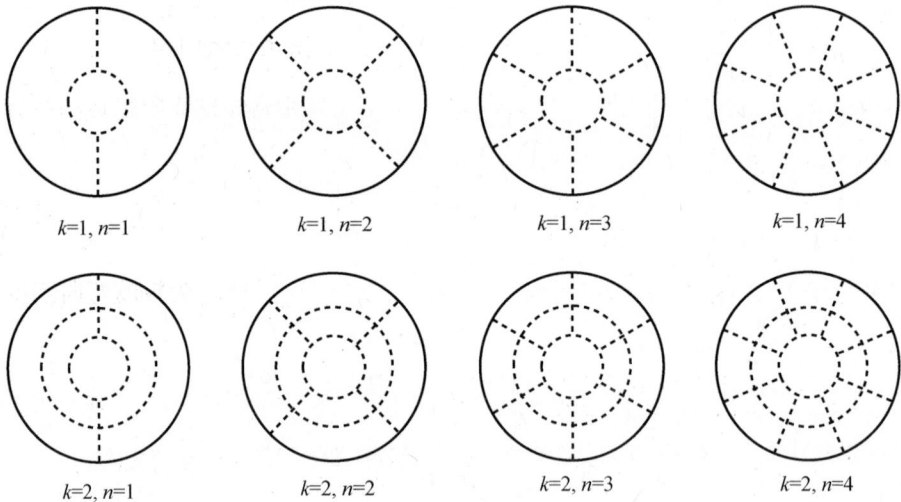

$k=1, n=1$ $k=1, n=2$ $k=1, n=3$ $k=1, n=4$

$k=2, n=1$ $k=2, n=2$ $k=2, n=3$ $k=2, n=4$

图 3-2　圆环薄板的低阶弯曲振型示意图

对圆柱壳体而言,其振动比较复杂,同时具有 3 个方向的位移,至今还没有一种普遍公认的、统一的理论,常见的有 Love - Timoshenko 理论、Donnell - Mushtari 理论、Vlasov 理论和 Epstein 理论等。对于经典的圆柱壳体的小位移振动问题,大多采用 Love 假设对其进行弹性力学分析。设圆柱壳体的 3 个方向的位移矢量为

$$\{u_i\} = [u \quad v \quad w]^T \qquad (3-5)$$

则圆柱壳体的运动微分方程为

$$[\Phi_{D-M}]\{u_i\} = [u \quad v \quad w]^T \qquad (3-6)$$

式中:$[\Phi_{D-M}]$ 是 Donnell - Mushtari 矩阵算子,其表达式如下:

$$[\varPhi_{D-M}] =$$

$$
\begin{bmatrix}
\dfrac{\partial^2}{\partial s^2} + \dfrac{1-\mu}{2}\dfrac{\partial^2}{\partial \theta^2} - \rho\dfrac{(1-\mu^4)R^2}{E}\dfrac{\partial^2}{\partial t^2} & \dfrac{1+\mu}{2}\dfrac{\partial^2}{\partial s\partial\theta} & \mu\dfrac{\partial}{\partial s} \\[3mm]
\dfrac{1+\mu}{2}\dfrac{\partial^2}{\partial s\partial\theta} & \dfrac{\partial^2}{\partial\theta^2} + \dfrac{1-\mu}{2}\dfrac{\partial^2}{\partial s^2} - \rho\dfrac{(1-\mu^4)R^2}{E}\dfrac{\partial^2}{\partial t^2} & \dfrac{\partial}{\partial\theta} \\[3mm]
\mu\dfrac{\partial}{\partial s} & \dfrac{\partial}{\partial\theta} & 1 + \dfrac{h^2}{12R^2}\nabla^2\nabla^2 + \rho\dfrac{(1-\mu^4)R^2}{E}\dfrac{\partial^2}{\partial t^2}
\end{bmatrix}
$$

$$(3-7)$$

式中：$s = z/R$ 为轴向无量纲坐标，$\nabla^2 = \dfrac{\partial^2}{\partial s^2} + \dfrac{\partial^2}{\partial\theta^2}$ 为拉普拉斯算子。

对于无限长的圆柱壳体的振动，通常可设其位移函数为[4]

$$
\begin{cases}
u = A\cos\lambda s\cos n\theta\cos\omega_n t \\
v = B\sin\lambda s\sin n\theta\cos\omega_n t \\
w = C\sin\lambda s\cos n\theta\cos\omega_n t
\end{cases}
\tag{3-8}
$$

式中：A,B,C 和 λ 是与几何边界条件和力学边界条件有关的待定参数；ω_n 为各阶简谐振动的固有频率。式中假设时间能与其他量分开，圆柱壳体上各点的振动周期和相位都相同。

在圆柱壳体的振动过程中，一个或多个与边界同轴的圆的位移保持为零，这种圆称为节圆，同样，也存在一个或多个母线的位移保持为零，这种母线称为节线。在式（3-8）中，λ 决定了节圆的位置，n 表示节线的个数。

谐振子壳壁的结构形式属于有限长的圆柱壳体，且一端由圆环板支撑。对于谐振子的壳壁而言，谐振子底部在其平面内具有较大的刚度，能够阻止壳壁在其平面内的拉伸、压缩和剪切，而对于垂直于其所在平面的变形则无抵抗能力。这种情况下，圆柱壳体被称为一端自由，一端有剪力薄膜的封闭圆柱壳体。

根据 Donnell - Mushtari 理论，对于两端固定、具有剪力薄膜，或两端自由（采用的圆柱壳谐振子属于这种情况）的有限长圆柱壳，都可假设位移函数为

$$
\begin{cases}
u = A_m R'_m(z)\cos n\theta\cos\omega_n t \\
v = B_m R_m(z)\sin n\theta\cos\omega_n t \\
w = C_m R_m(z)\cos n\theta\cos\omega_n t
\end{cases}
\tag{3-9}
$$

式中：$R_m(z)$ 为圆柱壳体母线的位移分布特征函数，即能满足两端具有与圆柱壳母线相同边界条件的梁的位移函数，也即是梁固有振动的第 m 阶振型函数；$R'_m(z)$ 为 $R_m(z)$ 对 z 的一阶导数；A_m,B_m,C_m 为对应 Donnell - Mushtari 壳体理论的振幅系数。

在这种情况下获得的模态，在 3 个方向上一般都是耦合的。同样，谐振子的壳

壁部分存在 $2n$ 条节线,对应其圆周振型上的节点位置,壳壁轴向也可能存在节圆,对应于其母线振型上的第 m 阶振型函数的节点位置。圆柱壳体的低阶弯曲振型如图 3-3 所示[5]。

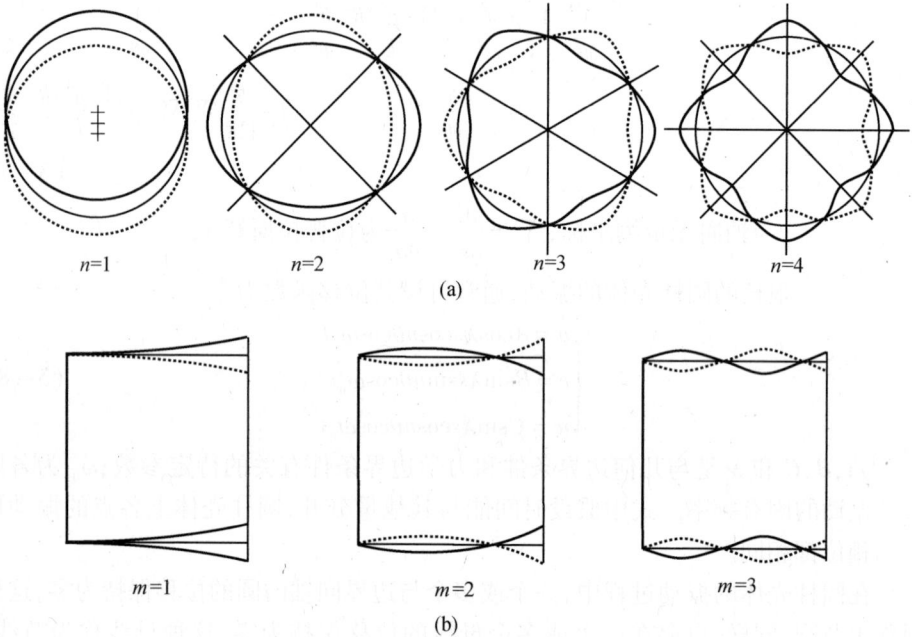

(a)

(b)

图 3-3　圆柱壳体的低阶弯曲振型示意图
(a) 圆柱壳体圆周振型;(b) 圆柱壳体母线振型。

3.2　谐振子的刚度分析

圆柱壳体振动陀螺谐振子的圆柱壳体是主要的惯性质量部分,用于产生陀螺效应,其有效刚度和有效质量较大,决定了谐振子的主要振动特性。在谐振子的工作模态下,圆柱壳体主要表现为径向、切向和轴向的振动。谐振子壳壁部分在轴向可以离散为若干段有限高度的圆环,本节将讨论圆环在对称力作用下其径向、切向和轴向位移与刚度的关系,为建立整个谐振子的离散化力学模型做准备。本节关于圆环的分析,都是基于 Bernoulli - Euler 梁理论,忽略了横向剪切变形和翘曲[6]。

3.2.1　径向刚度分析

为便于求解圆柱壳体振动陀螺谐振环的位移与应变能的关系,建立圆环的柱坐标系 (r, θ, z) 和谐振环上各点位移的局部坐标系 (u, v, w),如图 3-4 所示。

28

由圆柱壳体振动陀螺谐振子的结构特征可知,谐振子壁厚与半径相比较小,属于壳体的范畴,可利用壳体的结构理论来分析谐振子的振动。

为求解驱动力在微高度圆环产生的静态位移,须研究驱动力作用下圆环在自身的平面中的变形。取圆环的一段 AB,研究其弯曲变形情况,如图 3 - 5 所示。

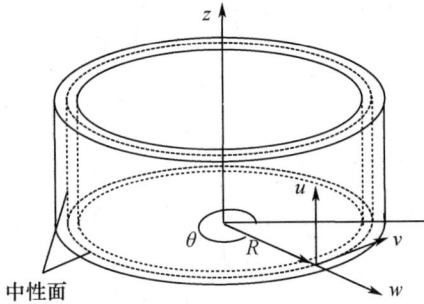

图 3 - 4　圆环的几何坐标系　　　图 3 - 5　谐振环的弯曲变形图

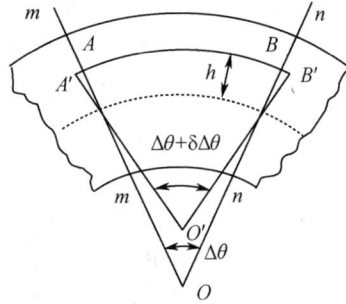

推导建立在壳壁中线不拉伸的基础上,取谐振环某一厚度位置一段圆弧 AB,在不变形状态下弧长为 $(R + h)\Delta\theta$,杯壁弯曲时,曲线中心由 O 点移至 O' 点,曲线变 AB 为 $A'B'$,其截面转角为 $\delta\Delta\theta$,变形状态下弧长为 $(R' + h)\delta\Delta\theta$,则曲线 AB 应变为

$$\varepsilon = \frac{(R' + h)(\Delta\theta + \delta\Delta\theta) - (R + h)\Delta\theta}{(R + h)\Delta\theta} \qquad (3 - 10)$$

基于 Love 假设,可知中线不拉伸,即有

$$R'(\Delta\theta + \delta\Delta\theta) = R\Delta\theta \qquad (3 - 11)$$

对于谐振环而言,其中线半径远大于壁厚,即有 $R \gg h$,将式(3 - 11)代入式(3 - 10),得

$$\varepsilon = \frac{h\delta\Delta\theta}{R\Delta\theta} = h\left(\frac{1}{R'} - \frac{1}{R}\right) = h\Delta\chi \qquad (3 - 12)$$

式中:χ 为中线曲率。

截面 mm 的应力产生力矩为

$$M = \int h\sigma \mathrm{d}s = \int h^2 E\Delta\chi \mathrm{d}s = EI_z\Delta\chi \qquad (3 - 13)$$

式中:E 为谐振子材料的弹性模量;$\Delta\chi$ 为圆环曲率的变化量;I_z 为圆环截面绕其与 z 轴平行的中线的惯性矩。

圆环的微段弯曲后,在其局部坐标系会产生径向位移 w 和切向位移 v,如图 3 - 6所示。

由于圆环中面不被拉伸,有

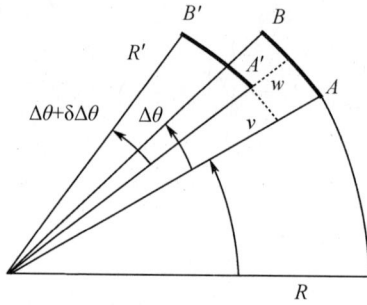

图3-6 谐振环微段位移示意图

$$(R - w)(\Delta\theta + \delta\Delta\theta) = R\Delta\theta \qquad (3-14)$$

而 AB 段角度变化量与点 A、点 B 切线方向移动的距离不等有关,即有

$$\delta\Delta\theta = \frac{\partial v}{\partial\theta}\frac{1}{R}\Delta\theta \qquad (3-15)$$

将式(3-15)代入式(3-14),当 AB 段角度 $\Delta\theta$ 和径向位移 w 趋近于零时,得

$$w = \frac{\partial v}{\partial\theta} \qquad (3-16)$$

AB 段切线的转角 φ 由其切向位移 v、径向位移 w 共同产生,表达式如下:

$$\varphi = \frac{v}{R} + \frac{\partial w}{\partial\theta}\Delta\theta / R\Delta\theta = \frac{1}{R}\left(v + \frac{\partial w}{\partial\theta}\right) \qquad (3-17)$$

由此可见,AB 段的曲率变化量 $\Delta\chi$ 与其弹性位移量有关,可写成如下形式:

$$\Delta\chi = \frac{\partial\varphi}{R\partial\theta} = \frac{1}{R^2}\left(w + \frac{\partial^2 w}{\partial\theta^2}\right) \qquad (3-18)$$

将式(3-18)代入圆环内力矩 M 表达式(3-13),得

$$M = -\frac{EI_z}{R^2}\left(w + \frac{\partial^2 w}{\partial\theta^2}\right) \qquad (3-19)$$

考虑式(3-18)和式(3-19),可得到圆环的弯曲应变能为

$$V = \frac{1}{2}\int M\Delta\chi R\mathrm{d}\theta = \frac{1}{2}\frac{EI_z}{R^3}\int\left(w + \frac{\partial^2 w}{\partial\theta^2}\right)^2\mathrm{d}\theta \qquad (3-20)$$

结合圆环的结构特点,可设式(3-16)的解的形式为

$$\begin{cases} v = R\sum_{n=1}^{\infty}(a_n\cos n\theta + b_n\sin n\theta) \\ w = R\sum_{n=1}^{\infty}n(-a_n\sin n\theta + b_n\cos n\theta) \end{cases} \qquad (3-21)$$

式中:a_n,b_n 为待定常数,依据受载情况进行计算。

30

讨论,当 $n = 1$ 时,圆环中线各点的位移表达式为

$$\begin{cases} v_1 = R(a_1\cos\theta + b_1\sin\theta) \\ w_1 = R(-a_1\sin\theta + b_1\cos\theta) \end{cases} \quad (3-22)$$

式(3-22)所述位移为圆环的刚性位移,没有引起圆环的应变,对圆环的应变能不产生影响。于是,式(3-22)可修正为:

$$\begin{cases} v = R\displaystyle\sum_{n=2}^{\infty}(a_n\cos n\theta + b_n\sin n\theta) \\ w = R\displaystyle\sum_{n=2}^{\infty}n(-a_n\sin n\theta + b_n\cos n\theta) \end{cases} \quad (3-23)$$

将式(3-23)代入圆环式(3-20),得

$$\begin{aligned} V &= \frac{1}{2}\frac{EI_z}{R^3}\int\left(w + \frac{\partial^2 w}{\partial\theta^2}\right)^2\mathrm{d}\theta \\ &= \frac{1}{2}\frac{EI_z}{R}\sum_{n=2}^{\infty}\int_0^{2\pi}[n(-a_n\sin n\theta + b_n\cos n\theta) + n^3(a_n\sin n\theta - b_n\cos n\theta)]^2\mathrm{d}\theta \\ &= \frac{1}{2}\frac{EI_z}{R}\sum_{n=2}^{\infty}(n^3 - n)^2\int_0^{2\pi}(a_n\sin n\theta - b_n\cos n\theta)^2\mathrm{d}\theta \\ &= \frac{\pi}{2}\frac{EI_z}{R}\sum_{n=2}^{\infty}(n^3 - n)^2(a_n^2 + b_n^2) \end{aligned}$$

$$(3-24)$$

可见,圆环内的应变能与圆环的具体位移和形变有关,具体位移和形变又与其特定的受载情况有关。

根据圆环的应变能与其位移的关系,分析外力作用下圆环的位移分布情况。由圆柱壳体振动陀螺的工作原理可知,谐振子由一对压电电极驱动,因此,可假设一对大小相等、方向相反的力分别作用在圆环中线上同一直径上的两点,如图3-7所示。

由弹性力学中的本构方程可知,只有在驱动力 F 作用点处,即 $\theta = 0$ 和 $\theta = \pi$ 处,驱动力才会做功,产生圆环的变形。由于驱动力只在圆环的径向做功,考虑径向位移表达式(3-23),可知在 $\theta = 0$ 和 $\theta = \pi$ 处,含待定系数 a_n 项都等于零,因此在变形的表达式中仅出现系数为 b_n 项,即有

$$\begin{cases} v = R\displaystyle\sum_{n=2}^{\infty}b_n\sin n\theta \\ w = R\displaystyle\sum_{n=2}^{\infty}nb_n\cos n\theta \end{cases} \quad (3-25)$$

考虑到圆环是弹性体,其径向位移和切向位移都是发生在其平衡位置附近几

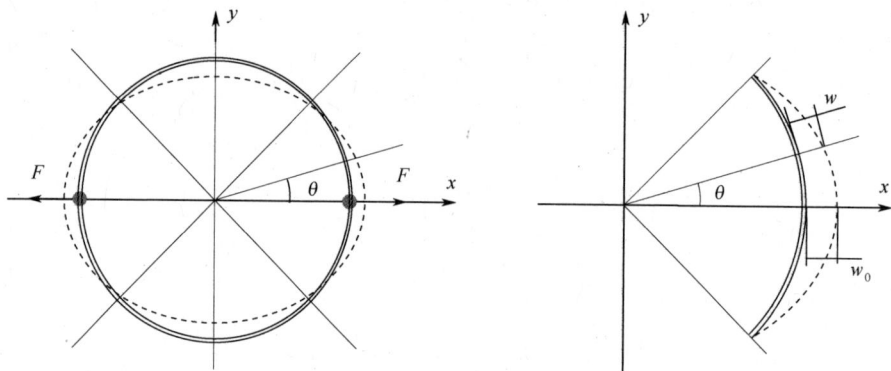

图 3 - 7　圆环受力与径向位移分布图

何约束条件所允许的微小位移,采取弹性力学的变分方法,利用虚位移原理计算式 (3 - 23) 的待定系数 a_n 和 b_n。设圆环在驱动力 F 作用下的虚位移为(仅有 $\theta = 0$ 和 $\theta = \pi$ 处存在):

$$\delta w = Rn\cos(n\theta)\delta b_n$$
$$= Rn\cos(n0)\delta b_n + Rn\cos(n\pi)\delta b_n \qquad (3 - 26)$$

根据虚功原理可知,在准静态条件下,驱动力 F 在其虚位移范围内所做功全部转化为圆环应变能,即有

$$2\left(\frac{1}{2}F \cdot \delta w_n\right) = \delta V \qquad (3 - 27)$$

由式(3 - 24)可知,圆环应变能 V 的变分为

$$\delta V = \frac{\partial V}{\partial b_n}\delta b_n = \frac{\pi EI_z}{R}b_n(n^3 - n)^2\delta b_n \qquad (3 - 28)$$

将式(3 - 28)代入式(3 - 27),得

$$\frac{\pi EI_z}{R}b_n(n^3 - n)^2\delta b_n = FRn(1 + \cos n\pi)\delta b_n \qquad (3 - 29)$$

即可求解待定系数 b_n 为

$$b_n = \frac{FR^2}{\pi EI_z}\frac{(1 + \cos n\pi)}{n(n^2 - 1)^2} \qquad (3 - 30)$$

讨论 n 的奇偶性,得

$$\begin{cases} b_n = 0, (n \text{ 为奇数}) \\ b_n = \dfrac{FR^2}{\pi EI_z}\dfrac{2}{n(n^2 - 1)^2}(n \text{ 为偶数}) \end{cases} \qquad (3 - 31)$$

将式(3 - 31)代入式(3 - 25),可得圆环在驱动力作用下的位移为

$$\begin{cases} v = \dfrac{FR^3}{\pi EI_z} \sum_{n=2m}^{\infty} \dfrac{2}{n(n^2-1)^2} \sin n\theta \\[2mm] \quad = \dfrac{FR^3}{\pi EI_z} \left(\dfrac{1}{9}\sin 2\theta + \dfrac{1}{450}\sin 4\theta + \dfrac{1}{3675}\sin 6\theta + \cdots \right) \\[4mm] w = \dfrac{FR^3}{\pi EI_z} \sum_{n=2m}^{\infty} \dfrac{2}{(n^2-1)^2} \cos n\theta \\[2mm] \quad = \dfrac{FR^3}{\pi EI_z} \left(\dfrac{2}{9}\cos 2\theta + \dfrac{2}{225}\cos 4\theta + \dfrac{2}{1225}\cos 6\theta + \cdots \right) \end{cases} \qquad (3-32)$$

忽略 $n=4$ 以后的各项,近似后的位移为

$$\begin{cases} v = \dfrac{FR^3}{9\pi EI_z}\sin 2\theta \\[3mm] w = \dfrac{2FR^3}{9\pi EI_z}\cos 2\theta \end{cases} \qquad (3-33)$$

根据式(3-33)可知,在 $\theta=0$ 和 $\theta=\pi$ 处,圆环径向位移为

$$w_0 = w_\pi = \frac{2FR^3}{9\pi EI_z} \qquad (3-34)$$

由此可得,圆环的径向拉伸刚度为

$$k_w = \frac{F}{w_0} = \frac{9\pi EI_z}{2R^3} \qquad (3-35)$$

将式(3-31)代入式(3-24),可得圆环在驱动力作用下的应变能表达式为

$$V = \frac{\pi}{2}\frac{EI_z}{R}\sum_{n=2}^{\infty}(n^3-n)^2\left(\frac{FR^2}{\pi EI}\frac{2}{n(n^2-1)^2}\right)^2 = \frac{2F^2R^3}{\pi EI_z(n^2-1)^2} \qquad (3-36)$$

忽略 $n=4$ 以后的各项,近似后的圆环应变能表达式为

$$V = \frac{2F^2R^3}{9\pi EI_z} \qquad (3-37)$$

由上述分析可知,圆环在 $\theta=0$ 和 $\theta=\pi$ 处的驱动力作用下,其径向位移分布近似为椭圆,如式(3-33)所述。

3.2.2　轴向刚度分析

对于圆环的轴向振动而言,其振动方向与圆环的高度方向一致。此时,圆环可等效为一个薄壁截面梁,梁的高度即为圆环的高度,梁的长度为圆环的圆周长度。

为便于求解圆柱壳体振动陀螺圆环的轴向位移与作用力的关系,结合其结构特点,建立圆环的半圆曲梁模型,如图3-8(a)所示。

根据圆环轴向位移具有环向对称的特点,取圆环1/2长度对其进行受力分析,如图3-8(b)所示。假设圆环的 A、B 点,即0和 π 位置为约束端,此时,圆环可等

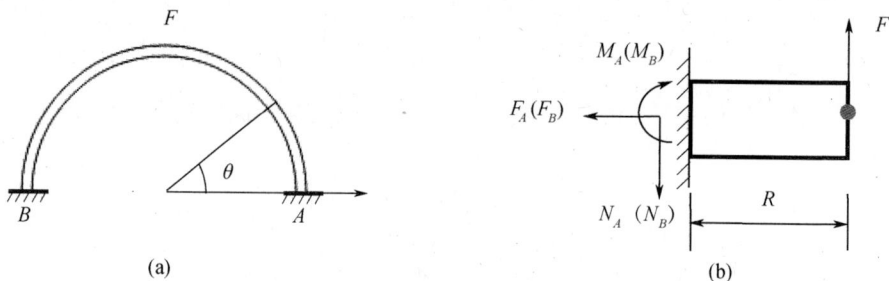

图 3-8 圆环受对称轴向力作用示意图

（a）俯视图；（b）右视图。

效为双端固支的曲梁。

曲梁在两端部 A、B 中间的位置受到外力 F 作用,则梁受到 6 个支反力作用,分别为 F_A、F_B、N_A、N_B、M_A、M_B。在小变形的条件下,横截面形心沿圆环圆周方向的位移极小,因而梁端的水平支反力 F_A 和 F_B 也极小,可忽略不计,建立圆环的受力和力矩平衡方程如下:

$$\begin{cases} N_A + N_B = F \\ M_A + M_B = FR \end{cases} \tag{3-38}$$

由圆环受力的对称性,有

$$\begin{cases} N_A = N_B = F/2 \\ M_A = M_B = FR/2 \end{cases} \tag{3-39}$$

根据上述梁两端的支反力和支撑弯矩,可以求得圆环上各点的剪力 Q 为

$$Q(\theta) = \begin{cases} -F/2 \left(0 < \theta < \dfrac{\pi}{2} \right) \\ F/2 \left(\dfrac{\pi}{2} < \theta < \pi \right) \end{cases} \tag{3-40}$$

根据圆环各截面的力矩平衡方程,可以求得圆环上各点的弯矩分布为

$$M(\theta) = \begin{cases} M_A \cos\theta - \dfrac{FR}{2}\sin\theta \left(0 < \theta < \dfrac{\pi}{2} \right) \\ M_B \cos(\pi - \theta) - \dfrac{FR}{2}\sin(\pi - \theta) \left(\dfrac{\pi}{2} < \theta < \pi \right) \end{cases} \tag{3-41}$$

将式(3-39)代入式(3-41),可得圆环上各点的弯矩分布为

$$M(\theta) = \begin{cases} \dfrac{FR}{2}(\cos\theta - \sin\theta) & \left(0 < \theta < \dfrac{\pi}{2} \right) \\ \dfrac{FR}{2}(-\cos\theta - \sin\theta) & \left(\dfrac{\pi}{2} < \theta < \pi \right) \end{cases} \tag{3-42}$$

在得出圆环上各点的弯矩分布随角坐标的分布规律后,为便于直观分析,将曲梁展平成直梁形式,则直梁上各点的剪力和弯矩分布分别为

$$Q(x) = \begin{cases} -\dfrac{F}{2}\left(0 < x < \dfrac{\pi R}{2}\right) \\ \dfrac{F}{2}\left(\dfrac{\pi R}{2} < x < \pi R\right) \end{cases}, M(x) = \begin{cases} \dfrac{FR}{2}\left(\cos\dfrac{x}{R} - \sin\dfrac{x}{R}\right)\left(0 < x < \dfrac{\pi R}{2}\right) \\ \dfrac{FR}{2}\left(-\cos\dfrac{x}{R} - \sin\dfrac{x}{R}\right)\left(\dfrac{\pi R}{2} < x < \pi R\right) \end{cases}$$

$$(3-43)$$

做出沿圆环展平后直梁长度方向分布的剪力图和弯矩图,如图 3-9 所示。

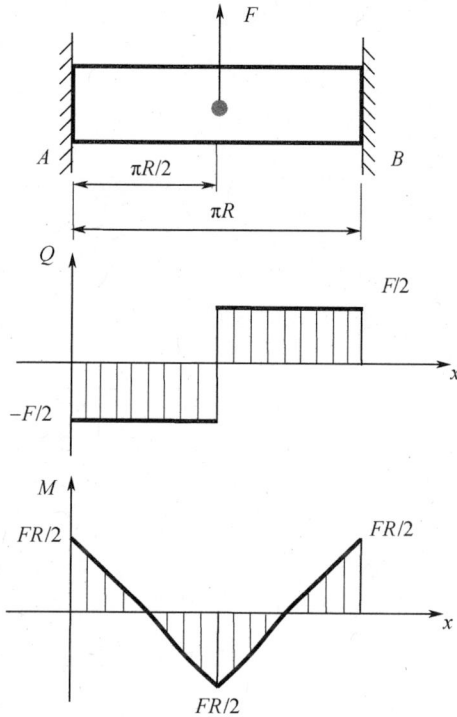

图 3-9 圆环的剪力分布图和弯矩分布图

采用积分法求梁的转角方程和挠曲线方程为

$$\begin{cases} \varphi(x) = \displaystyle\int \dfrac{M(x)}{EI_r}\mathrm{d}x + C \\ u(x) = \displaystyle\iint\left(\dfrac{M(x)}{EI_r}\mathrm{d}x\right)\mathrm{d}x + Cx + D \end{cases} \tag{3-44}$$

式中:C, D 为由梁边界条件所决定的积分常数;I_r 为圆环截面绕其与 r 轴平行的中线的惯性矩。

将式(3-43)代入式(3-44),对 $0\sim\pi/2$ 弧度范围内,即展平后梁的 $0\sim\pi R/2$ 范围内的转角和挠度求解,得

$$\begin{cases} \varphi(x) = \dfrac{FR^2}{2EI_r}\left(\sin\dfrac{x}{R} + \cos\dfrac{x}{R}\right) + C \\[3mm] u(x) = \dfrac{FR^3}{2EI_r}\left(-\cos\dfrac{x}{R} + \sin\dfrac{x}{R}\right) + Cx + D \end{cases} \tag{3-45}$$

A 点的转角和挠度的边界条件为

$$\varphi(0) = 0, u(0) = 0 \tag{3-46}$$

将式(3-46)代入式(3-45),得

$$C = -\frac{FR^2}{2EI_r}, D = \frac{FR^3}{2EI_r} \tag{3-47}$$

此时,梁的 $0\sim\pi R/2$ 范围内的转角和挠曲线方程为

$$\begin{cases} \varphi(x) = \dfrac{FR^2}{2EI_r}\left(\sin\dfrac{x}{R} + \cos\dfrac{x}{R}\right) - \dfrac{FR^2}{2EI_r} \\[3mm] u(x) = \dfrac{FR^3}{2EI_r}\left(-\cos\dfrac{x}{R} + \sin\dfrac{x}{R}\right) - \dfrac{FR^2}{2EI_r}x + \dfrac{FR^2}{2EI_r} \end{cases} \tag{3-48}$$

同理,梁的 $\pi R/2\sim\pi R$ 范围内的转角和挠曲线方程为

$$\begin{cases} \varphi(x) = \dfrac{FR^2}{2EI_r}\left(-\sin\dfrac{x}{R} + \cos\dfrac{x}{R}\right) + \dfrac{FR^2}{2EI_r} \\[3mm] u(x) = \dfrac{FR^3}{2EI_r}\left(\cos\dfrac{x}{R} + \sin\dfrac{x}{R}\right) + \dfrac{FR^2}{2EI_r}x + \dfrac{FR^3}{2EI_r} - \dfrac{F\pi R^3}{2EI_r} \end{cases} \tag{3-49}$$

作出沿梁长度分布的转角图和挠曲线图,如图3-10所示。

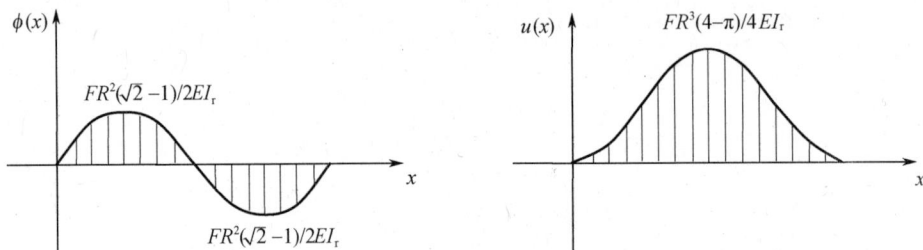

图 3-10 圆环的转角图和挠曲线图

由式(3-49)可知梁上 0、$\pi R/4$、$\pi R/2$、$3\pi R/4$ 和 πR 处的挠度分别为

$$\begin{cases} u(0) = 0, u(\pi R) = 0, u\left(\dfrac{\pi R}{4}\right) = \dfrac{FR^3}{2EI_r} - \dfrac{F\pi R^3}{8EI_r} \\[3mm] u\left(\dfrac{\pi R}{2}\right) = \dfrac{FR^3}{EI_r} - \dfrac{F\pi R^3}{4EI_r}, u\left(\dfrac{3\pi R}{4}\right) = \dfrac{FR^3}{2EI_r} - \dfrac{F\pi R^3}{8EI_r} \end{cases} \tag{3-50}$$

36

由于梁上 0、$\pi R/2$ 和 πR 位置均有外力作用,根据圆环受力和变形的对称性特点,梁上挠度为零的点应为 $\pi R/4$ 和 $3\pi R/4$ 处,因此,为了直观反映梁的变形状态,梁的挠曲线函数可修正为

$$\begin{cases} u(x) = \dfrac{FR^3}{2EI_r}\left(-\cos\dfrac{x}{R} + \sin\dfrac{x}{R}\right) - \dfrac{FR^2}{2EI_r}x + \dfrac{F\pi R^3}{8EI_r} \left(0 < x < \dfrac{\pi R}{2}\right) \\ u(x) = \dfrac{FR^3}{2EI_r}\left(\cos\dfrac{x}{R} + \sin\dfrac{x}{R}\right) + \dfrac{FR^2}{2EI_r}x - \dfrac{3F\pi R^3}{8EI_r} \left(\dfrac{\pi R}{2} < x < \pi R\right) \end{cases} \tag{3-51}$$

将圆环的轴向挠度曲线函数表达式(3-51)用极坐标表示,得

$$\begin{cases} u(\theta) = \dfrac{FR^3}{2EI_r}(-\cos\theta + \sin\theta) - \dfrac{FR^3}{2EI_r}\theta + \dfrac{F\pi R^3}{8EI_r} \left(0 < \theta < \dfrac{\pi}{2}\right) \\ u(\theta) = \dfrac{FR^3}{2EI_r}(\cos\theta + \sin\theta) + \dfrac{FR^3}{2EI_r}\theta - \dfrac{3F\pi R^3}{8EI_r} \left(\dfrac{\pi}{2} < \theta < \pi\right) \end{cases} \tag{3-52}$$

根据圆环结构、受力和轴向挠度的分布对称性特点,可得全圆周范围内圆环的轴向挠度分布图,如图 3-11 所示。

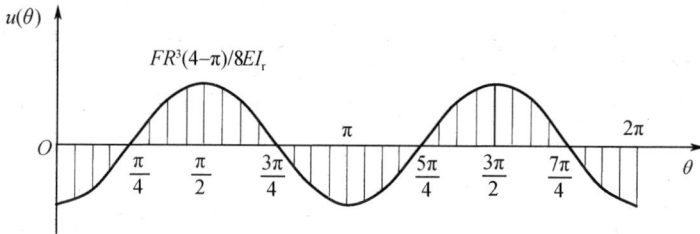

图 3-11 圆环的轴向挠曲线分布图

由图 3-11 可以看出全圆周范围内圆环的轴向挠度分布曲线类似于周期为 π 的余弦函数,将式(3-52)中 $0 \sim \pi/2$ 范围内的挠度函数改写为如下形式:

$$\begin{aligned} u(\theta) &= \frac{FR^3}{2EI_r}(-\cos\theta + \sin\theta) - \frac{FR^3}{2EI_r}\theta + \frac{F\pi R^3}{8EI_r} \\ &= \frac{FR^3(4-\pi)}{8EI_r}\left[\frac{4}{(4-\pi)}(-\cos\theta + \sin\theta - \theta) + \frac{\pi}{(4-\pi)}\right] \end{aligned}$$

$$\tag{3-53}$$

将 $0 \sim \pi/2$ 范围内的归一化挠度函数

$$u_1(\theta) = \frac{4}{(4-\pi)}(-\cos\theta + \sin\theta - \theta + 1) \tag{3-54}$$

与函数 $\cos 2\theta$ 进行比较,如图 3-12 所示。

由图 3-12 可知,在 $0 \sim \pi/2$ 范围内,$u_1(\theta)$ 与 $\cos 2\theta$ 的数值计算差异极小,其绝对误差最大值出现在 $\theta = \pi/8$ 和 $\theta = 3\pi/8$ 附近,为 0.01547;相对误差最大值出

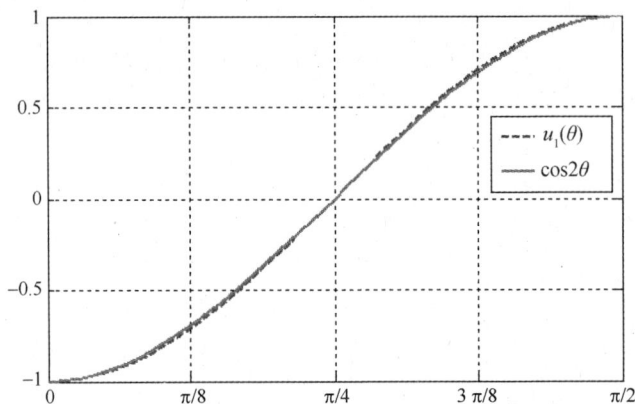

图 3-12　圆环轴向挠度的归一化函数与余弦函数比较图

现在 $\theta = \pi/4$ 附近,为 3.61%。因此,将圆环全圆周范围内的轴向挠度函数简化为余弦函数,如下:

$$u(\theta) = -\frac{FR^3(4-\pi)}{8EI_r}\cos2\theta \qquad (3-55)$$

根据式(3-55)可知,在 $\theta=0$ 和 $\theta=\pi$ 处,圆环轴向位移为

$$u_0 = u_\pi = \frac{FR^3(4-\pi)}{8EI_r} \qquad (3-56)$$

由此可得,圆环的轴向刚度为

$$k_u = \frac{F}{u_0} = \frac{8EI_r}{(4-\pi)R^3} \qquad (3-57)$$

3.3　谐振子的力学建模

圆柱壳体振动陀螺谐振子的力学建模是研究谐振子动力学特性的基础。国内外学者对壳体结构的力学问题研究,大多基于经典板壳振动理论。本节讨论工作模态已知的条件下,谐振子的受力与形变问题,建立谐振子的集中刚度和集中质量的力学参数模型。

3.3.1　集中刚度模型

对于圆柱壳体振动陀螺谐振子这一类薄壁弹性零件的刚度问题,可从静力学研究角度出发,忽略自重对其静态位移的影响,重点研究谐振子各关键部位的刚度与其静态变形的关系。为便于分析谐振子的驱动力与各向位移的关系,根据圆柱

38

壳体振动陀螺的压电驱动原理和圆环径向轴向刚度的研究结论,结合谐振子受力和变形的轴对称性特点,建立谐振子的集中刚度模型,如图 3 - 13 所示。

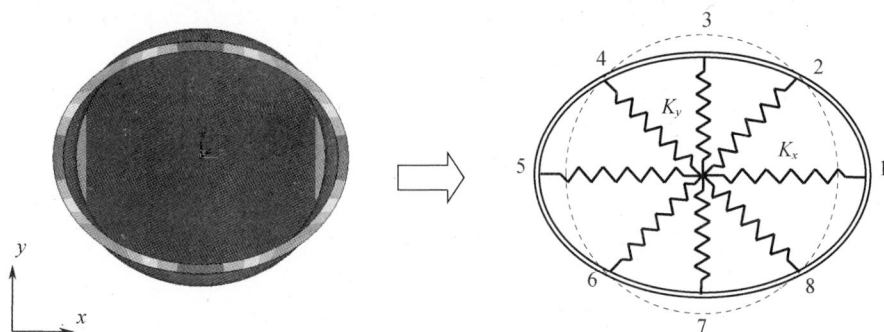

图 3 - 13　*xoy* 平面内谐振子的集中刚度模型

图 3 - 13 所示为 *xoy* 平面内谐振子的集中刚度模型,主要反映谐振子壳壁的径向位移分布与驱动力矩的位置关系。根据圆环的径向刚度分析,可在圆环径向位移的波腹点和波节点处设置 8 根虚拟弹簧。在图 3 - 13 所示的谐振子的集中刚度模型中,当谐振子受 1、5 或 3、7 点的对称力作用时,弹簧 1、3、5、7 起作用,当谐振子受 2、4 或 6、8 点的对称力作用时,弹簧 2、4、6、8 起作用。

建立谐振子驱动压电电极所在的 *xoz* 平面(在柱坐标系(r,θ,z)内 $\theta = 0$ 的截面)内的集中刚度模型,如图 3 - 14 所示。

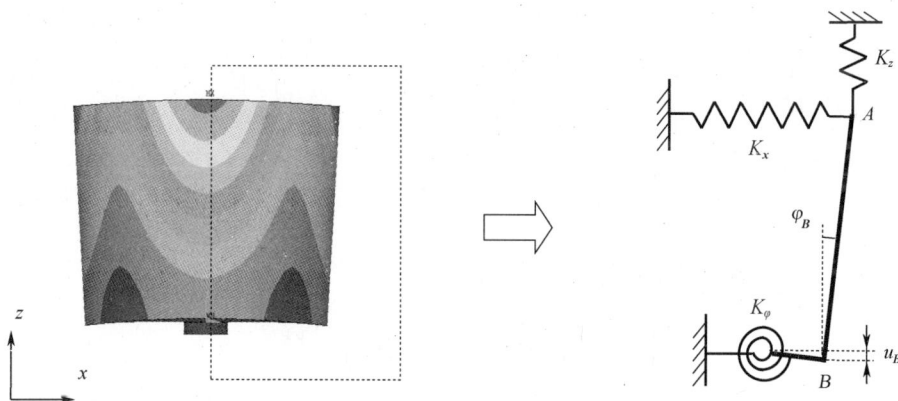

图 3 - 14　*xoz* 平面内谐振子的集中刚度模型

在图 3 - 14 所示的谐振子的集中刚度模型中,*A* 点的两根弹簧反映谐振子壳壁的位移与作用力的关系,*B* 点的扭簧反映谐振子底部的位移与作用力矩的关系。其中,*x* 向拉伸刚度 K_x 主要由谐振子壳壁的径向刚度决定,*z* 向拉伸刚度 K_z 主要由谐振子壳壁的轴向刚度决定,y 向弯曲刚度 K_φ 主要由谐振子底部的弯曲刚度决定。

同理,可建立同一静平衡状态下纵截面 yoz(在柱坐标系(r,θ,z)内 $\theta = \pi/2$ 的截面)内的集中刚度模型,如图 3 – 15 所示。

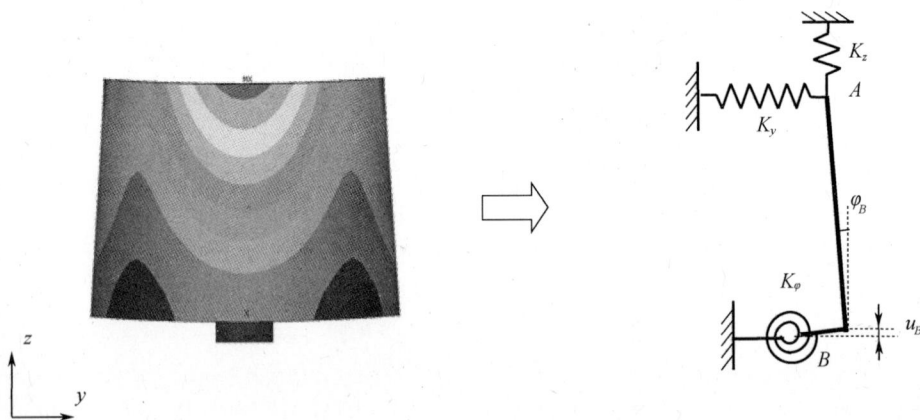

图 3 – 15　yoz 平面内谐振子的集中刚度模型

由谐振子模态分析可知,谐振子壳壁在振动过程中,其母线的挠度可忽略不计,可将谐振子壳壁的母线视为刚性。在谐振子底部外缘和底部底端的交点 B 处,其对应的底部挠曲线 B 点转角与壳壁母线转角皆为 φ_B。

谐振子壳壁对谐振子底部外缘的反作用弯矩主要由谐振子壳壁的径向位移产生。为求解谐振子壳壁对谐振子底部外缘 B 点产生的反作用弯矩,可将谐振子壳壁从其高度方向离散为若干个圆环,由圆环的径向拉伸刚度式可知,微小高度段的谐振子壳壁的径向刚度为

$$\mathrm{d}k_w = \frac{9\pi E}{2R^3}\frac{t^3\mathrm{d}z}{12} = \frac{3\pi E t^3}{8R^3}\mathrm{d}z \tag{3 – 58}$$

此时,谐振子壳壁对谐振子底部外缘 B 点产生的顺时针方向反作用弯矩为

$$M_B = \int_0^H z \cdot z\varphi_B \mathrm{d}k_w = \int_0^H \frac{3\pi E t^3}{8R^3}z^2\varphi_B\mathrm{d}z$$

$$= \frac{\pi E t^3}{8R^3}H^3\varphi_B$$

$$= K_x H\varphi_B \cdot H \tag{3 – 59}$$

式中:K_x 为谐振子壳壁等效径向拉伸刚度,有

$$K_x = \frac{\pi E t^3 H}{8R^3} \tag{3 – 60}$$

由于谐振子壳壁母线的转角极小,通常可忽略谐振子母线倾斜而引起的谐振子壳壁的轴向位移。

谐振子壳壁对谐振子底部外缘的反作用力主要由谐振子壳壁的轴向位移产生。为求解谐振子壳壁对谐振子底部产生的反作用力,可将谐振子壳壁等效为全圆周曲梁,由圆环的轴向刚度式可知,谐振子壳壁的母线上各点随谐振子底部外缘做刚性位移 u 时,谐振子壳壁对谐振子底部外缘 B 产生的 z 向反作用力为

$$F_B = k_u \cdot u_B = \frac{8EI_r u_B}{(4-\pi)R^3}$$
$$= K_z \cdot u_B \tag{3-61}$$

式中:K_z 为谐振子壳壁等效轴向拉伸刚度,可近似表示为

$$K_z = \frac{8EI_r}{(4-\pi)R^3} = \frac{8EtH^3}{3(4-\pi)R^3} \tag{3-62}$$

将谐振子底部近似等效为 8 根弯曲压电梁,弯曲压电梁的末端 B 点在力矩的作用下,由材料力学梁的弯曲理论可知,悬臂梁的末端转角与驱动力矩的关系式为

$$\begin{cases} \varphi_B = \dfrac{M_B(R-R_0)^2}{2EI_\theta} \\ u_B = \dfrac{M_B(R-R_0)}{EI_\theta} \end{cases} \tag{3-63}$$

式中:I_θ 为底部等效梁的极惯性矩。

由此可见,谐振子底部的等效弯曲压电梁的弯曲可等效为 B 点绕扭簧 K_φ 中心的转动,其转动半径为

$$R_\varphi = \frac{u_B}{\varphi_B} = \frac{R-R_0}{2} \tag{3-64}$$

由式(3-63),谐振子底部弯曲压电梁的等效弯曲刚度为

$$K_\varphi = \frac{EI_\theta}{R-R_0} \tag{3-65}$$

3.3.2 集中质量模型

对于谐振子这一类振动元件,通常要分析其各关键部位的质量分布对其有效惯性质量的影响,这是研究科里奥利力效应的关键。为便于分析谐振子质量分布与惯性质量的关系,根据本章前几节关于谐振子工作模态的固有振动的研究结论,结合谐振子结构特点,以谐振子壳壁顶端径向位移最大点的径向位移为广义坐标,建立谐振子在弹簧 K_x 上(xoy 平面内)振动的集中质量模型,如图 3-16 所示。

由谐振子的固有振动分析可知,谐振子壳壁的径向振动和切向振动的能量可

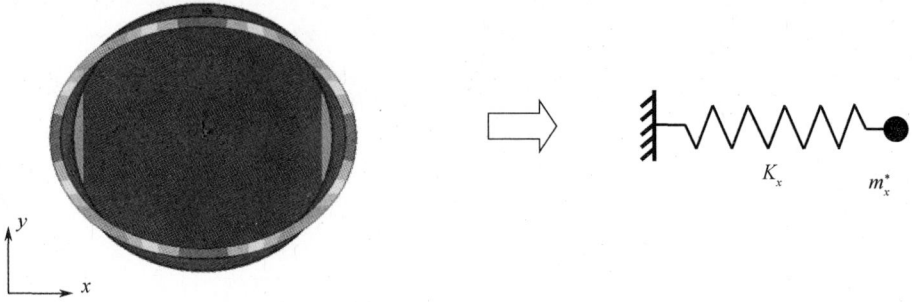

图 3 – 16 *xoy* 平面内谐振子的集中质量模型

表示成如下形式：

$$T_{cx} = \int_0^{2\pi} \int_0^H \frac{1}{2} (\dot{w}^2(\theta,z) + \dot{v}^2(\theta,z)) \rho t_2 \mathrm{d}z R \mathrm{d}\theta \qquad (3-66)$$

将谐振子壳壁的振动速度(参见 4.1 节)表达式代入式(3 – 66)，得

$$T_{cx} = \int_0^{2\pi} \int_0^H \frac{1}{2} \left(\frac{z}{H}\right)^2 ((w_0\omega\cos\omega t\cos2\theta)^2 + (v_0\omega\cos\omega t\sin2\theta)^2)\rho t_2 \mathrm{d}z R \mathrm{d}\theta$$

$$= \frac{1}{2}(w_0\omega\cos\omega t)^2 \frac{5\pi\rho RHt}{12}$$

$$= \frac{1}{2}(w_0\omega\cos\omega t)^2 m_{cx}^* \qquad (3-67)$$

式中：m_{cx}^* 为谐振子壳壁在弹簧 K_x 上振动的有效惯性质量，有

$$m_{cx}^* = \frac{5\pi\rho RHt}{12} \qquad (3-68)$$

由谐振子底部的振动方程可知，谐振子底部在 *xoy* 平面的面内振动速度可以忽略不计，有

$$T_{bx} = 0, m_{bx}^* = 0 \qquad (3-69)$$

由式(3 – 68)和式(3 – 69)可得，谐振子在弹簧 K_x 上振动的有效惯性质量为

$$m_x^* = m_{cx}^* + m_{bx}^* = \frac{5\pi\rho RHt}{12} \qquad (3-70)$$

同理，以谐振子壳壁顶端轴向位移最大点的轴向位移为广义坐标，在弹簧 K_z 上(xoz 平面内)振动的集中质量模型，如图 3 – 17 所示。

由谐振子的固有振动分析可知，谐振子壳壁的轴向振动的能量可表示成如下形式：

$$T_{cz} = \int_0^{2\pi} \int_0^H \frac{1}{2} \dot{u}^2(\theta,z)\rho t_2 \mathrm{d}z R \mathrm{d}\theta \qquad (3-71)$$

将谐振子壳壁的振动速度表达式(4 – 7)代入式(3 – 71)，得：

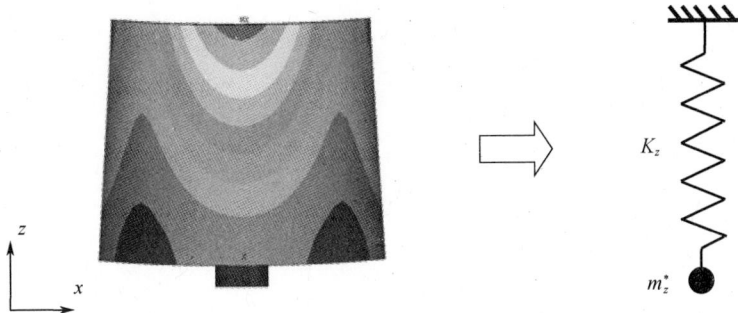

图 3 – 17 *xoz* 平面内谐振子的集中质量模型

$$T_{cz} = \int_0^{2\pi} \int_0^H \frac{1}{2} (u_0 \omega \cos\omega t \cos 2\theta)^2 \rho t_2 \mathrm{d}z R \mathrm{d}\theta$$

$$= \frac{1}{2} (u_0 \omega \cos\omega t)^2 \pi R \rho H t = \frac{1}{2} (w_0 \omega \cos\omega t)^2 m_{cz}^* \qquad (3-72)$$

式中：m_{cz}^* 为谐振子壳壁在弹簧 K_z 上振动的有效惯性质量，有

$$m_{cz}^* = \pi R \rho H t \qquad (3-73)$$

谐振子底部的轴向振动的能量可表示成如下形式：

$$T_{cz} = \int_0^{2\pi} \int_{R_0}^R \frac{1}{2} \dot{u}^2 (\theta, r) \rho t_3 r \mathrm{d}r \mathrm{d}\theta \qquad (3-74)$$

将谐振子底部的振动速度表达式代入式(3 – 70)，得

$$T_{bz} = \int_0^{2\pi} \int_{R_0}^R \frac{1}{2} \left(\left(\frac{r - R_0}{R - R_0} \right)^2 u_0 \omega \cos\omega t \cos 2\theta \right)^2 \rho t_3 r \mathrm{d}r \mathrm{d}\theta$$

$$= \frac{1}{2} (u_0 \omega \cos\omega t)^2 \pi \rho t_3 \frac{5R^2 - 4RR_0 - R_0^2}{30} = \frac{1}{2} (w_0 \omega \cos\omega t)^2 m_{bz}^*$$

$$(3-75)$$

式中：m_{bz}^* 为谐振子底部在弹簧 K_z 上振动的有效惯性质量，有

$$m_{bz}^* = \pi \rho t_3 \frac{5R^2 - 4RR_0 - R_0^2}{30} \qquad (3-76)$$

谐振子在弹簧 K_z 上振动的有效惯性质量可近似表达为

$$m_z^* = m_{cz}^* + m_{bz}^* = \pi \rho R H t \qquad (3-77)$$

综上所述，建立谐振子的集中质量模型，如图 3 – 18 所示。

由谐振子的振动特性可知，谐振子壳壁和底部的转动偏角 φ_B 极小，因此，在图 3 – 18 中，集中质量点 A 即有 x 向振动速度，又有 z 向振动速度，集中质量点 B 仅

有 z 向振动速度,得

$$\begin{cases} m_A = m_x^* = \dfrac{5\pi\rho RHt}{12} \\ m_B = m_z^* - m_x^* = \dfrac{7\pi\rho RHt}{12} \end{cases} \qquad (3-78)$$

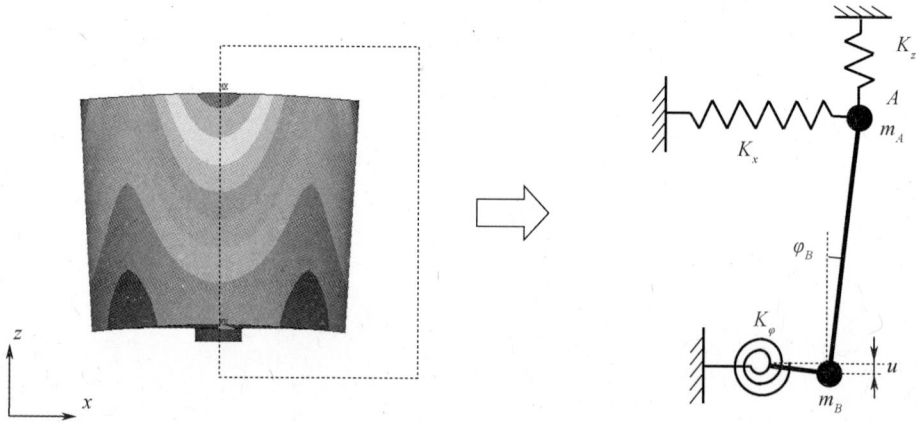

图 3 - 18　谐振子的集中质量模型

参 考 文 献

[1] WARBURTON G. Vibration of thin cylindrical shells[J]. Journal of Mechanical Engineering Science, 1965,7 (4):399 -407.

[2] SALAHIFAR R, MOHAREB M. Analysis of circular cylindrical shells under harmonic forces[J]. Thin - walled Structures, 2010,48(7):528 -539.

[3] 吴连元. 板壳理论[M]. 上海:上海交通大学出版社, 1989.

[4] LOVEDAY P W, ROGERS C A. Free vibration of elastically supported thin cylinders including gyroscopic effects[J]. Journal of Sound and Vibration, 1998,217(3):547 -562.

[5] 陶溢. 杯形波动陀螺关键技术研究[D]. 长沙:国防科学技术大学, 2011.

[6] BICKFORD W B, REDDY E D. On the In - plane Vibration of Rotating Ring[J]. Journal of Sound and Vibration, 1985,101(1):10.

第4章　圆柱壳体振动陀螺的
动力学分析与建模

　　动力学建模与分析是圆柱壳体振动陀螺研究工作中的重点内容,对研究陀螺的灵敏度、结构优化和控制方法具有重要意义。本章介绍谐振子的集中参数模型的动力学方程。根据谐振子的动态响应,分析陀螺的信号输出与陀螺灵敏度。

4.1　谐振子的模态分析

　　模态是多自由度线性系统或连续弹性体系统的一种固有属性,可由系统的特征值(固有频率)和特征向量(主振型)共同表示,分别从时空两个方面描述系统的振动特性。圆柱壳体振动陀螺的工作模态指其谐振子的驱动模态和敏感模态,是陀螺效应产生的基础。谐振子的模态特征很大程度上决定了陀螺的驱动和检测单元的设计,对陀螺的灵敏度产生很大的影响,是后期陀螺测控电路设计的重要依据。

　　谐振子作为连续弹性体结构,在无限宽的频域范围内,具有无数阶模态,因此可视为无限多自由度系统。圆柱壳体振动陀螺是利用其中的频率相同的两个工作模态实现其陀螺效应。实际上,陀螺的工作模态是谐振子结构的受迫振动,其动态特性很大程度上决定了陀螺的性能。分析图 4 – 1 可知,谐振子的前八阶模态具有一定代表性,其模态频率和振型特点如表 4 – 1 所列。

表 4 – 1　圆柱壳体振动陀螺谐振子模态频率和振型特点

模态阶次	振型特点
第一阶	谐振子壳壁在 xoy 平面内沿 x 向刚性振动
第二阶	谐振子壳壁在 xoy 平面内沿 y 向刚性振动
第三阶	谐振子壳壁沿 z 向刚性振动
第四阶	谐振子壳壁在 xoy 平面内沿 $x-y$ 向做"圆 – 椭圆"弹性振动
第五阶	谐振子壳壁在 xoy 平面内沿 $x'-y'$ 向做"圆 – 椭圆"弹性振动
第六阶	谐振子壳壁在圆柱面内沿 z 向做扭转弹性振动
第七阶	谐振子壳壁在 xoy 平面内沿 $x-y$ 向做"圆 – 三棱圆"弹性振动
第八阶	谐振子壳壁在 xoy 平面内沿 $x'-y'$ 向做"圆 – 三棱圆"弹性振动

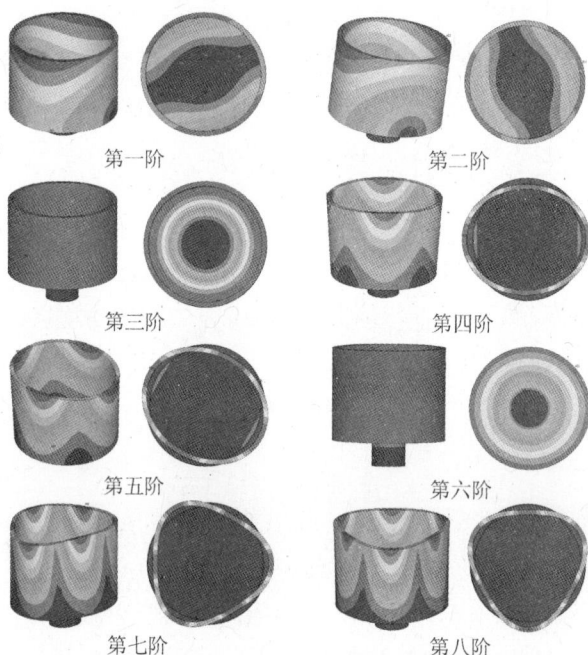

第一阶　　　　　　　　　　第二阶

第三阶　　　　　　　　　　第四阶

第五阶　　　　　　　　　　第六阶

第七阶　　　　　　　　　　第八阶

图 4-1　圆柱壳体振动陀螺谐振子各阶模态云图

通常采用振型叠加法来进行多自由度系统的动力响应分析,即将结构的任何振动位移分量 u 由各阶振型的相应分量 u_i 叠加求得。任何振型分量 u_i 的位移,由振型分布向量 $\boldsymbol{\phi}_i$ 与振型幅值 Y_i 相乘获得,即

$$u_i = \boldsymbol{\phi}_i Y_i \tag{4-1}$$

结构的总位移由振型分量的和得到,即

$$u = \boldsymbol{\phi}_1 Y_1 + \boldsymbol{\phi}_2 Y_2 + \cdots + \boldsymbol{\phi}_N Y_N = \sum_{i=1}^{N} \boldsymbol{\phi}_i Y_i \tag{4-2}$$

用矩阵符号表示为

$$u = \boldsymbol{\Phi} Y \tag{4-3}$$

式中:振型矩阵 $\boldsymbol{\Phi}$ 的作用是将广义坐标 Y 转换成几何坐标向量 u,向量 Y 中的广义元素成为结构的正则坐标。

使用正则坐标变换,可将多自由度系统的 N 个耦合的线性有阻尼运动方程

$$m\ddot{u}(t) + c\dot{u}(t) + ku(t) = p(t) \tag{4-4}$$

转换为 N 个非耦合的运动方程,如下:

$$\ddot{Y}_i(t) + 2\xi_i\omega_i\dot{Y}_i(t) + \omega_i^2 Y_i(t) = \frac{p(t)}{M_i} \tag{4-5}$$

式中：$M_i = \boldsymbol{\phi}_i^{\mathrm{T}}\boldsymbol{m}\boldsymbol{\phi}_i$，$P_i(t) = \boldsymbol{\phi}_i^{\mathrm{T}}\boldsymbol{p}(t)$。

要求解这些非耦合的运动方程,通常要先求解所需的振型分布向量 $\boldsymbol{\phi}_i$ 和相应的固有频率 ω_i,振型阻尼比通常较难确定,可通过试验进行测量或假设。通过求解 N 个如式(4-5)所描述的标准的单自由度运动方程,将其对应振型的动力响应结果叠加,即得到多自由度系统总的动力响应。

对于谐振子在压电驱动力作用下的受迫振动,根据振型叠加法,其动力响应有如下形式：

$$\begin{bmatrix} u \\ v \\ w \end{bmatrix} = \begin{bmatrix} \phi_{u\_1}Y_{u\_1} \\ \phi_{v\_1}Y_{v\_1} \\ \phi_{w\_1}Y_{w\_1} \end{bmatrix} + \begin{bmatrix} \phi_{u\_2}Y_{u\_2} \\ \phi_{v\_2}Y_{v\_2} \\ \phi_{w\_2}Y_{w\_2} \end{bmatrix} + \cdots + \begin{bmatrix} \phi_{u\_N}Y_{u\_N} \\ \phi_{v\_N}Y_{v\_N} \\ \phi_{w\_N}Y_{w\_N} \end{bmatrix} + \cdots = \sum_{i=1}^{\infty} \begin{bmatrix} \phi_{u\_i}Y_{u\_i} \\ \phi_{v\_i}Y_{v\_i} \\ \phi_{w\_i}Y_{w\_i} \end{bmatrix}$$

$$\tag{4-6}$$

式(4-6)表示谐振子在几何坐标上的位移向量,由谐振子在各阶振型中的动力响应的位移叠加起来。对于大多数载荷类型,通常结构的低阶振型的动力响应贡献较大,与激励频率最为接近的某阶振型对结构的动力响应贡献最大,而高阶振型的动力响应贡献趋于减小。此外,复杂结构的高阶振型的预测通常是趋于不可靠的。因此,在使用振型叠加法研究谐振子对驱动力矩的动力响应时,不需将所有的高阶振型的响应都考虑进来,应关注其工作模态以下各阶振型的动力响应,重点研究谐振子工作模态对应频率下的受迫振动问题。

圆柱壳体振动陀螺谐振子的工作模态为其第四、第五阶模态,重点对谐振子的工作模态的振型特点进行分析。截取谐振子顶端平面(xoy 平面)的模态云图如图4-2(a)所示,截取谐振子径向位移最大点所在纵平面(xoz 平面和 yoz 平面)的模态云图如图4-2(b)和4-2(c)所示。

图4-2　圆柱壳体振动陀螺谐振子工作模态各截面模态云图
(a) xoy 界面;(b) xoz 界面;(c) yoz 界面。

根据图4-2所示的各截面模态的位移分布特点,分别提取壳体顶端内圆各节点的振动幅值、谐振子壳体内母线各节点的振动幅值和底部内半径上各节点的振动幅值,作出上述各关键节点位移分布情况,如图 4 - 3 所示。

由图 4 - 3(a)和图 4 - 3(b)中所示的谐振子壳壁顶端内圆各点环向位置(θ)与径向位移(w)和切向位移(v)的关系可以看出,工作模态下,谐振子壳壁的径向位移和切向位移的分布特征为:环向波数 $n = 2$,谐振子壳壁径向位移满足 $\cos 2\theta$ 分布规律,切向位移满足 $\sin 2\theta$ 分布规律。

图 4 - 3(c)对谐振子壳壁母线各点的径向位移(w)与轴向位置(z)分布数据进行线性化处理,在有限的长度范围内,其非线性度为 1% 左右。因此,在工作模态下,可将谐振子壳体类母线位移分布特征函数 $R_m(z)$ 假设为线性函数处理。

图 4 - 3(d)对谐振子底部内径各点径向位置(r)与轴向位移(u)的数据进行二次曲线拟合,结果表明图中数据与拟合后的二次函数相比具有较小的方差,且该二次函数与悬臂梁的弯曲挠度函数类似。因此,在工作模态下,可将谐振子底部半径位移分布特征函数即贝塞尔函数简化为悬臂梁的二次挠度函数,这一简化将为下面关于谐振子底部动态响应的求解提供便利。

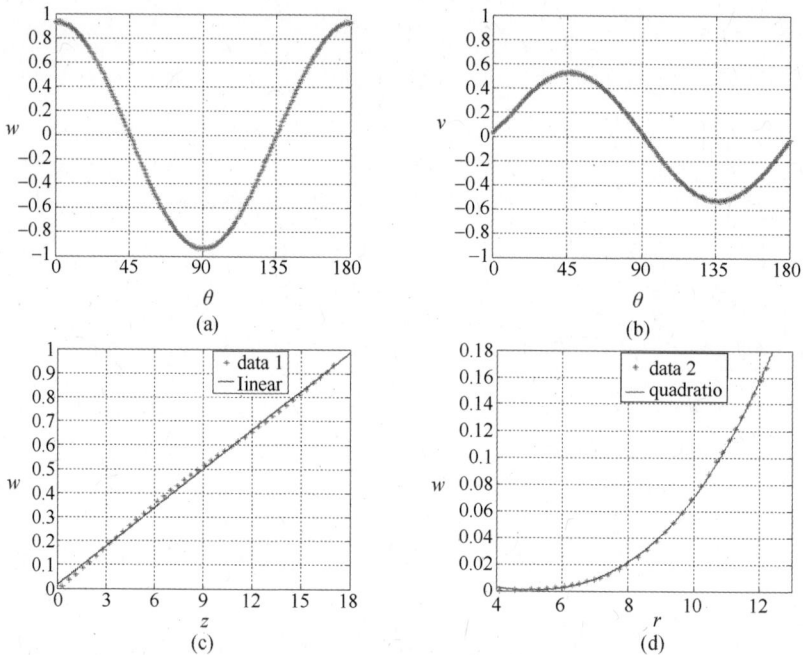

图 4 - 3　圆柱壳体振动陀螺谐振子关键节点的位移分布情况
(a) 壳壁内圆的径向位移;(b) 壳壁内圆的切向位移;
(c) 壳壁内母线的径向位移;(d) 底部内半径的轴向位移。

综上所述,根据谐振子的有限元模态分析的结论并参照经典板壳理论,归纳出圆柱壳体振动陀螺谐振子工作模态的运动方程如下:

48

工作模态下谐振子壳壁的振动位移分布函数为

$$\begin{cases} v_{\mathrm{c}}(r,\theta,z,t) = B\,\dfrac{z}{H}\sin 2\theta\sin\omega t \\[2mm] u_{\mathrm{c}}(r,\theta,z,t) = A\cos 2\theta\sin\omega t \\[2mm] w_{\mathrm{c}}(r,\theta,z,t) = C\,\dfrac{z}{H}\cos 2\theta\sin\omega t \end{cases} \quad (4-7)$$

工作模态下谐振子底部的振动位移分布函数为

$$\begin{cases} v_{\mathrm{b}}(r,\theta,z,t) = 0 \\[2mm] u_{\mathrm{b}}(r,\theta,z,t) = D\left(\dfrac{r-R_0}{R-R_0}\right)^2\cos 2\theta\sin\omega t \\[2mm] w_{\mathrm{b}}(r,\theta,z,t) = 0 \end{cases} \quad (4-8)$$

4.2 谐振子驱动模态的动力学方程

根据第 3 章关于谐振子的集中刚度模型和集中质量模型的研究结果可知,在谐振子底部的弯曲压电驱动器的驱动力矩 M_{p} 作用下,谐振子壳壁的母线上各点随谐振子底部外缘做刚性位移和刚性倾斜,位移为谐振子底部外缘挠度 u_B,倾角为谐振子底部外缘转角 φ_B,因此可将谐振子简化为如图 4-4 所示的等效集中参数模型[1]。

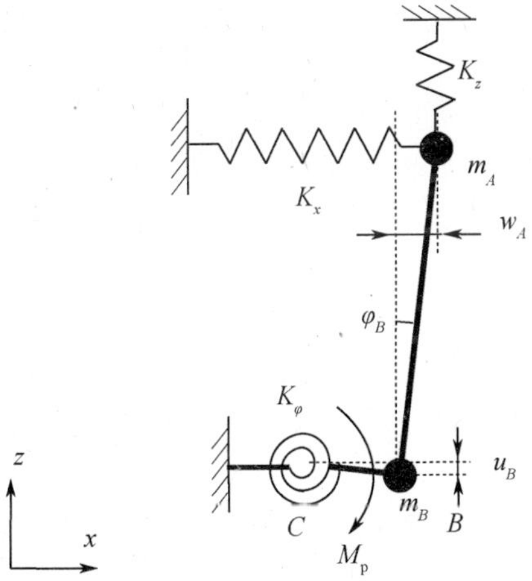

图 4-4 驱动力矩与谐振子的等效集中参数模型

在图 4-4 所示模型中,M_{p} 为驱动力矩,另有 2 个集中质量单元,3 个集中刚度单元,模型的运动状态变量有谐振子壳壁顶端 A 点的径向位移 w_A 和谐振子壳壁

底端 B 点的轴向位移 u_B(谐振子底部外端点的挠度)。由于谐振子底部的挠度和转角较小,因此 B 点的转角 φ_B 和 A 点的径向位移 w_A 满足 $w_A = H\varphi_B$ 的关系式,另由式(3 - 64)可知,A 点的径向位移 w_A 和 B 点的轴向位移 u_B 关系确定如下:

$$\frac{w_A}{u_B} = -\frac{2H}{R - R_0} \qquad (4-9)$$

由式(2 - 14)可知,弯曲压电驱动器的驱动力矩既与施加的驱动电压有关,又与弯曲压电驱动器的弯曲变形状态有关。对研究谐振子微位移线性振动问题而言,由于谐振子壳壁和底部的刚度远大于压电电极的刚度,在谐振子壳壁和底部的约束作用下,压电电极的应变很小,因此,弯曲压电驱动器的弯曲变形对其驱动力矩的影响远小于其驱动电压对驱动力矩的影响。为简化分析过程,在研究谐振子的微位移振动问题时,可忽略式(2 - 14)右部的第二项,即有弯曲压电驱动器的驱动力矩为

$$\begin{aligned} M_p(t) &= U_p(t)\left(\frac{c_{13}e_{33}}{c_{33}} - e_{31}\right)b_p\frac{h_b + h_p}{2} \\ &= U_p(t)\Theta_{UM} \end{aligned} \qquad (4-10)$$

式中:$\Theta_{UM} = \left(\dfrac{c_{13}e_{33}}{c_{33}} - e_{31}\right)b_p\dfrac{h_b + h_p}{2}$ 为谐振子电压 - 力矩转换系数。

由此可见,谐振子集中参数模型的运动可简化为 2 个集中质量单元在 3 个集中刚度单元的约束下绕底部扭簧中心做刚体运动,因此,在圆柱壳体振动陀螺的工作模态下,谐振子集中参数模型可等效为多刚度单元和多质量单元组成的广义单自由度系统。

根据 D'Alembert 原理的直接平衡法,可通过谐振子等效集中参数模型中的集中质量单元的惯性力、集中刚度单元的弹性约束力和驱动力建立谐振子的力平衡方程。以谐振子底部近似等效的扭簧为研究对象,在图 4 - 4 所示状态下,惯性力、弹性约束力对扭簧 K_φ 中心点 C 产生的作用力矩为

$$\begin{cases} M_a = m_A \ddot{w}_A H + (m_A + m_B)\ddot{u}_B \dfrac{1}{2}(R - R_0) \\ M_k = K_x w_A H + K_z u_B \dfrac{1}{2}(R - R_0) \end{cases} \qquad (4-11)$$

式中:M_a 为集中质量单元惯性力对 C 点的力矩;M_k 为集中刚度单元回复力对 C 点的力矩;$\ddot{w}_A$,$\ddot{u}_B$ 分别为 A 点径向位移 w_A 和 B 点轴向位移 u_B 对时间的二阶微分。

结合压电弯曲驱动器的驱动力矩和弯曲压电梁的等效刚度式,不考虑谐振子阻尼的影响,得到谐振子等效集中参数模型的力平衡方程为

$$M_k + M_a + K_\varphi \cdot \varphi_B = M_p \qquad (4-12)$$

50

将式(4-10)和式(4-11)代入式(4-12)，可得以 A 点的径向位移 w_A 为广义坐标的谐振子等效集中参数模型的动力学方程：

$$\left(m_A H + (m_A + m_B)\frac{(R-R_0)^2}{4H}\right)\ddot{w}_A + \left(K_x H + K_z\frac{(R-R_0)^2}{4H} + K_\varphi\frac{1}{H}\right)w_A = M_p$$

$$(4-13)$$

当对压电电极上施加交变电压：

$$U_p(t) = U_{p0}\sin\omega_p t \qquad (4-14)$$

式中：U_{p0} 为驱动电压幅值；ω_p 为驱动电压频率。

则弯曲压电驱动器产生的简谐驱动力矩为

$$M_p(t) = U_{p0}\left(\frac{c_{13}e_{33}}{c_{33}} - e_{31}\right)b_p\frac{h_b + h_p}{2}\sin\omega_p t = M_{p0}\sin\omega_p t \qquad (4-15)$$

式中：M_{p0} 为简谐驱动力矩 $M_p(t)$ 的幅值。

将式(4-15)代入式(4-13)，得

$$m_d^* \ddot{w}_A + k_d^* w_A = F^*\sin\omega_p t \qquad (4-16)$$

式中：m_d^* 为谐振子的广义质量；k_d^* 为谐振子的广义刚度；F^* 为广义载荷。

$$\begin{cases} m_d^* = m_A + (m_A + m_B)\dfrac{(R-R_0)^2}{4H^2} \\[2mm] F^* = \dfrac{M_{p0}}{H} = U_p(t)\dfrac{\Theta_{UM}}{H} \\[2mm] k_d^* = K_x + K_z\dfrac{(R-R_0)^2}{4H^2} + K_\varphi\dfrac{1}{H^2} \end{cases} \qquad (4-17)$$

式(4-16)中单自由度系统的谐振频率可直接通过瑞利法，代入谐振子的广义质量 m_d^* 和广义刚度 k_d^* 即可求得，即

$$\omega_d = \sqrt{\frac{k_d^*}{m_d^*}} = \sqrt{\frac{4K_x H^2 + K_z(R-R_0)^2 + 4K_\varphi}{4m_A H^2 + (m_A + m_B)(R-R_0)^2}} \qquad (4-18)$$

将式(4-18)代入式(4-16)，可得驱动模态下系统的动力学方程为

$$\ddot{w}_A + \omega_d^2 w_A = \frac{F^*}{m_d^*}\sin\omega_p t \qquad (4-19)$$

考虑谐振子振动的阻尼效应，引入单自由度系统的等效振型黏滞阻尼比 ξ，由于影响谐振子阻尼的因素较为复杂，通常可通过试验方法获得，典型金属谐振子的机械品质因数大约为 $5000 \sim 40000$，对应的阻尼比约为 10^{-4} 量级。考虑阻尼比的影响，系统的动力学方程式(4-19)可改写为

$$\ddot{w}_A + 2\xi\omega_d \dot{w}_A + \omega_d^2 w_A = \frac{F^*}{m_d^*}\sin\omega_p t \qquad (4-20)$$

4.2.1 驱动模态的稳态响应

1. 稳态解

式(4-20)描述了含阻尼条件下谐振子在简谐驱动力作用下的运动状态,是典型的单自由度系统的动力学方程。由单自由度系统的结构动力学理论可知,单自由度系统的动力学方程式(4-20)的齐次解为

$$\bar{w}_A(t) = (C_1\cos\omega_c t + C_2\sin\omega_c t)\,\mathrm{e}^{-\xi\omega_d t} \tag{4-21}$$

式中:$\omega_c = \omega_d\sqrt{1-\xi^2}$ 为含阻尼系统的自由振动频率。

式(4-20)的特解可为

$$w_A^*(t) = G_1\cos\omega_d t + G_2\sin\omega_d t \tag{4-22}$$

解得

$$
\begin{aligned}
w_A^*(t) &= \frac{F^*}{m_d^*}\frac{1}{(\omega_p^2-\omega_d^2)^2+4\xi^2\omega_d^2}\left[(\omega_p^2-\omega_d^2)\sin\omega_p t - 2\xi\omega_d^2\cos\omega_p t\right]\\
&= \frac{F^*}{k_d^*}\frac{1}{(1-v_d^2)^2+4\xi^2 v_d^2}\left[(1-v_d^2)\sin\omega_p t - 2\xi v_d\cos\omega_p t\right]
\end{aligned} \tag{4-23}
$$

式中:$v_d = \dfrac{\omega_p}{\omega_d}$ 为驱动模态的频率比。

谐振子驱动模态的广义单自由度系统动力学方程的通解为齐次解与特解之和,即

$$
\begin{aligned}
w_A(t) &= \bar{w}_A(t) + w_A^*(t)\\
&= (C_1\cos\omega_c t + C_2\sin\omega_c t)\,\mathrm{e}^{-\xi\omega_d t}\\
&\quad + \frac{F^*}{k_d^*}\frac{1}{(1-v_d^2)^2+4\xi^2 v_d^2}\left[(1-v_d^2)\sin\omega_p t - 2\xi v_d\cos\omega_p t\right]
\end{aligned} \tag{4-24}
$$

式(4-24)等号右端第一项是由系统初始条件决定的自由振动项,由于阻尼的衰减作用,经过一段时间的运动后逐渐消失,故称第一项为系统的瞬态响应或过渡状态;等号右端第二项是与广义力有关,以驱动力的频率振动,且不随时间衰减,称为系统的稳态响应或受迫振动。

谐振子驱动模态的稳态响应可写成如下形式:

$$
\begin{aligned}
w_A(t) &= \frac{F^*}{k_d^*}\frac{1}{(1-v_d^2)^2+4\xi^2 v_d^2}\left[(1-v_d^2)\sin\omega_p t - 2\xi v_d\cos\omega_p t\right]\\
&= \frac{F^*}{k_d^*}\frac{1}{\sqrt{(1-v_d^2)^2+4\xi^2 v_d^2}}\left[\frac{(1-v_d^2)}{\sqrt{(1-v_d^2)^2+4\xi^2 v_d^2}}\sin\omega_p t - \frac{2\xi v_d}{\sqrt{(1-v_d^2)^2+4\xi^2 v_d^2}}\cos\omega_p t\right]\\
&= w_{A\_\mathrm{st}}\eta_d\sin(\omega_p t - \beta_d) = w_{A\_\mathrm{d}}\sin(\omega_p t - \beta_d)
\end{aligned} \tag{4-25}
$$

式中:w_{A_d} 为动态响应振幅;w_{A_st} 为静态位移;η_d 为驱动模态动态位移的放大系数;

β_{d} 为驱动模态动态位移的响应滞后相位角。

$$\begin{cases} w_{A\_st} = \dfrac{F^*}{k_{\mathrm{d}}^*} \\[3mm] w_{A\_d} = w_{A\_st}\eta_{\mathrm{d}} \\[3mm] \eta_{\mathrm{d}} = \dfrac{1}{\sqrt{(1-v_{\mathrm{d}}^2)^2 + 4\xi^2 v_{\mathrm{d}}^2}} \\[3mm] \beta_{\mathrm{d}} = \arccos\left(\dfrac{1-v_{\mathrm{d}}^2}{\sqrt{(1-v_{\mathrm{d}}^2)^2 + 4\xi^2 v_{\mathrm{d}}^2}} \right) \end{cases} \qquad (4-26)$$

由上述分析可知,谐振子驱动模态的稳态响应有以下特点:

(1)谐振子稳态响应的频率等于驱动力矩的频率。

(2)谐振子稳态响应的振幅与初始条件无关且不随时间变化,其幅值为驱动力载荷作用下的静态幅值与动力放大系数的乘积。

2. 谐振子幅频特性

根据式(4-26)可得谐振子稳态响应的动力放大系数 η_{d} 和频率比 v 之间的关系曲线,即谐振子的幅频特性曲线。谐振子阻尼比不同时,其幅频响应曲线也不同。系统阻尼较大时,其幅频响应曲线如图4-5(a)所示。以圆柱壳体振动陀螺谐振子常见的阻尼比 $\xi = 10^{-4}$ 为例,其幅频响应曲线如图4-5(b)所示。

由式(4-26)和图4-5(a)可知,在频率比 $v = \sqrt{1-\xi^2}$ 附近时,任何阻尼系统的动力响应最大,此时系统阻尼大小对系统稳态响应的幅值影响很大;在频率比 $v \ll 1$ 时,系统稳态响应幅值与静态位移相当;在频率比 $v > 2$ 时系统阻尼大小对系统稳态响应的幅值影响基本没有差异;当频率比很大时,系统稳态响应趋近于零。

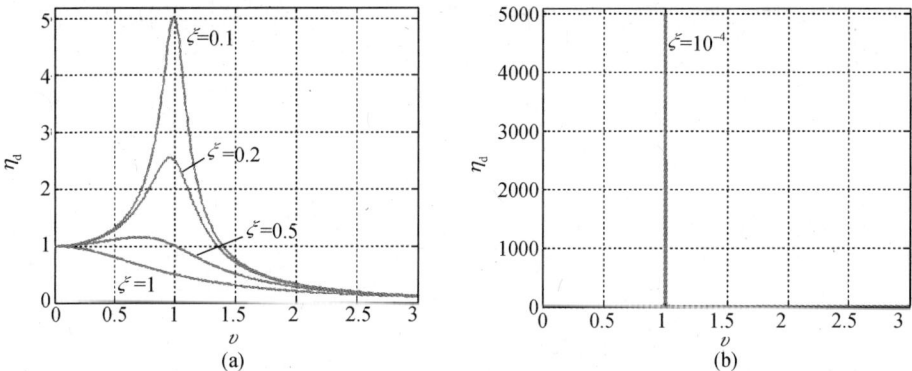

图4-5 谐振子模型的幅频特性曲线
(a)系统阻尼比较大;(b)系统阻尼比极小。

由图 4 - 5 可知,圆柱壳体振动陀螺谐振子的机械品质因数很高,系统阻尼比极小,频率比在 $\upsilon = 1$ 时(驱动力频率与某阶模态频率一致,即谐振时 $\upsilon = \sqrt{1 - \xi^2} \approx 1$),其动力放大系数最大,此时谐振子达到动态响应的峰值。而频率比在 $\upsilon = 1$ 之外,其动力放大系数骤降,相比谐振时可忽略不计。

3. 谐振子相频特性

根据式(4 - 26)可得谐振子稳态响应的动态位移响应滞后相位角 β 和频率比 υ 之间的关系曲线,即谐振子的相频特性曲线,如图 4 - 6 所示。谐振子阻尼比不同时,其相频响应曲线也不同。

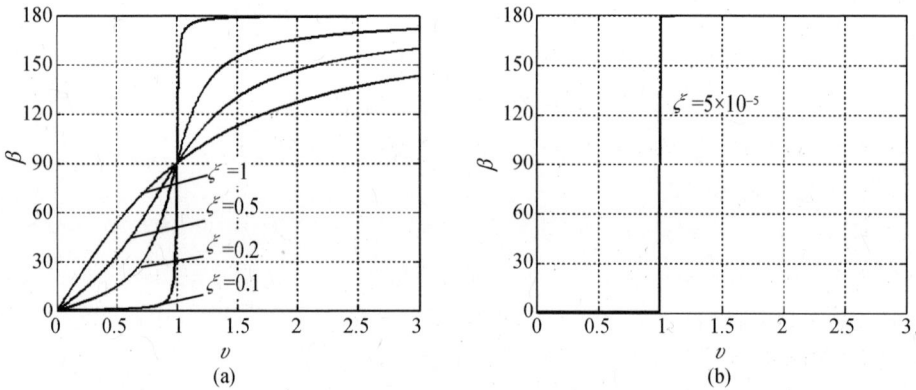

图 4 - 6 谐振子模型的相频特性曲线

由式(4 - 26)和图 4 - 6(a)可知,在频率比 $\upsilon = \sqrt{1 - \xi^2}$ 附近时,任何阻尼系统的动态响应相位角皆为 90°,这是二阶系统谐振的重要特征,可利用这种方法测量系统的固有频率;在频率比 $\upsilon \ll 1$ 时,系统的动态响应相位角趋近于 0°;在频率比 $\upsilon \gg 1$ 时系统的动态响应相位角趋近于 180°。

由图 4 - 6(b)可知,圆柱壳体振动陀螺谐振子的机械品质因数很高,系统阻尼比极小,频率比在 $\upsilon = 1$ 时(驱动力频率与某阶模态频率一致,即谐振时 $\upsilon = \sqrt{1 - \xi^2} \approx 1$),系统的动态响应相位角为 90°;在 $\upsilon < 1$ 时,系统的动态响应相位角迅速降为 0°;在 $\upsilon > 1$ 时,系统的动态响应相位角迅速升为 180°。由此可见,在陀螺的驱动控制中,可通过控制谐振子动态响应相位角为 90°来保证谐振子一直处于谐振状态。

由上述分析可知,对于机械品质因数很高的谐振子,其系统阻尼比极小,当谐振子的驱动力频率与工作模态频率一致时,系统对工作模态振型的动力响应达到最大,而对于其他模态振型的动力响应很小,可忽略不计。谐振子机械品质因数越高,这种现象越明显。因此,取谐振子工作模态振型进行驱动力的稳态响应分析即可获得较高的动力响应精度,此时式(4−25)表示为简谐激励下的二阶系统的稳态响应。一般情况下,可以用一个二阶系统近似表示圆柱壳体振动陀螺谐振子的振动。式(4−6)可改写为

$$
\begin{bmatrix} u \\ v \\ w \end{bmatrix} = \sum_{i=1}^{\infty} \begin{bmatrix} \phi_{u\_i} Y_{u\_i} \\ \phi_{v\_i} Y_{v\_i} \\ \phi_{w\_i} Y_{w\_i} \end{bmatrix} \approx \begin{bmatrix} \phi_{u\_N} Y_{u\_N} \\ \phi_{v\_N} Y_{v\_N} \\ \phi_{w\_N} Y_{w\_N} \end{bmatrix} \tag{4−27}
$$

式中:N 为谐振子工作模态的阶数。

因此,根据上述谐振子的动力学分析,当弯曲压电驱动器的驱动频率与谐振子驱动模态频率一致时,即 $\omega_p = \omega_d$ 时,谐振子的驱动模态被激励,其稳态响应的动态位移的幅值达到最大,即

$$
w_A(t) = \frac{F^*}{k_d^*} \frac{1}{2\xi} \sin\left(\omega_d t - \frac{\pi}{2} \right) \tag{4−28}
$$

此时,谐振子动态响应的动力放大系数为 $1/2\xi$,响应滞后相位角为90°。

4. 驱动模态的振型分布函数

在得出谐振子动态响应的广义位移函数后,可根据谐振子工作模态的振型函数,得到谐振子上各点在驱动模态下稳态响应的振动位移分布函数。

驱动模态下谐振子壳壁的振动位移分布函数为

$$
\begin{cases}
u_{c\_d}(r,\theta,z,t) = u_{A\_d} \cos2\theta \sin\omega_p t = -w_{A\_d} \dfrac{R-R_0}{2H} \cos2\theta \sin(\omega_p t - \beta_d) \\[2mm]
v_{c\_d}(r,\theta,z,t) = v_{A\_d} \dfrac{z}{H} \sin2\theta \sin\omega_p t = \dfrac{1}{2} w_{A\_d} \dfrac{z}{H} \sin2\theta \sin(\omega_p t - \beta_d) \\[2mm]
w_{c\_d}(r,\theta,z,t) = w_{A\_d} \dfrac{z}{H} \cos2\theta \sin(\omega_p t - \beta_d)
\end{cases} \tag{4−29}
$$

驱动模态下谐振子底部的振动位移分布函数可写为

$$
\begin{cases}
u_{b\_d}(r,\theta,z,t) = u_{A\_d} \left(\dfrac{r-R_0}{R-R_0} \right)^2 \cos2\theta \sin(\omega_p t - \beta_d) \\[2mm]
\qquad\qquad = -w_{A\_d} \dfrac{R-R_0}{2H} \left(\dfrac{r-R_0}{R-R_0} \right)^2 \cos2\theta \sin(\omega_p t - \beta_d) \\[2mm]
v_{b\_d}(r,\theta,z,t) = 0 \\[2mm]
w_{b\_d}(r,\theta,z,t) = 0
\end{cases} \tag{4−30}
$$

4.2.2 驱动模态的检测信号

由陀螺的基本工作原理可知,谐振子驱动模态的检测压电电极分布在谐振子底部 $\theta = \pi/2$ 和 $\theta = 3\pi/2$ 处。以谐振子底部 $\theta = \pi/2$ 处压电电极为例,根据式(4 - 30),可得其轴向位移函数在弯曲压电传感器的局部坐标系中可表示为

$$u_{b\_d}(x,t) = -u_{A\_d}\left(\frac{x - R_0}{R - R_0}\right)^2 \sin(\omega_p t - \beta_d) \qquad (4-31)$$

根据弯曲压电传感器的原理,在圆柱壳体振动陀螺的驱动模态下,压电电极会随谐振子底部做弯曲振动,其内部的应变以 x 向正应变为主,且中面 x 向正应变与谐振子底部的挠曲线有关,如图 4 - 7 所示。

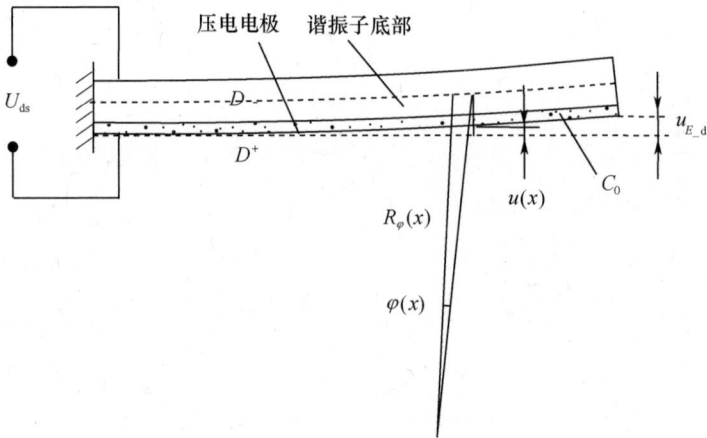

图 4 - 7 驱动模态弯曲压电传感器应变与信号

根据欧拉 - 贝努力梁理论,压电电极随谐振子底部产生挠度 u 后,其 x 向中面的正应变为

$$S(x,t) = \frac{h_b + h_p}{2R_\varphi(x,t)} = \frac{h_b + h_p}{2}\chi(x,t) = \frac{h_b + h_p}{2}\frac{u''}{\sqrt{(1+u'^2)^3}} \qquad (4-32)$$

式中:$R_\varphi(x)$ 为弯曲压电传感器的曲率半径;$\chi(x)$ 为曲率;$u'' = \dfrac{\partial^2 u}{\partial x^2}$ 为弯曲压电传感器挠度对 x 坐标的偏微分。

由于弯曲压电传感器的挠度远远小于其长度尺寸,故 u' 与 1 相比可忽略不计,式(4 - 32)可改写为

$$S(x,t) = \frac{h_b + h_p}{2}\frac{\partial^2 u}{\partial x^2} \qquad (4-33)$$

将式(4-31)代入式(4-32),得

$$S(x,t) = -u_{A\_d}\frac{h_b + h_p}{(R - R_0)^2}\sin(\omega_p t - \beta_d) \tag{4-34}$$

将式(4-33)代入式(2-20)可得,驱动模态下弯曲压电传感器压电电极的输出检测电压 U_{ds} 为

$$
U_{ds}(t) = \frac{h_p e_{31}\int_0^{l_p} S(x)\,\mathrm{d}x}{\varepsilon_{33} l_p} = -\frac{e_{31}h_p\int_0^{R-R_0} u_{A\_d}(h_b + h_p)\sin(\omega_p t - \beta_d)\,\mathrm{d}x}{\varepsilon_{33}(R - R_0)^3}
$$

$$
= w_{A\_d}\frac{e_{31}h_p(h_b + h_p)}{2H\varepsilon_{33}(R - R_0)}\sin(\omega_p t - \beta_d) \tag{4-35}
$$

将式(4-25)和式(4-26)代入式(4-35),得

$$
U_{ds} = \frac{U_p(t)}{k_d^*}\left(\frac{c_{13}e_{33}}{c_{33}} - e_{31}\right)b_p\frac{h_b + h_p}{2H\sqrt{(1-v_d^2)^2 + 4\xi^2 v_d^2}}\frac{e_{31}h_p(h_b + h_p)}{2H\varepsilon_{33}(R - R_0)^2}\sin(\omega_p t - \beta_d)
$$

$$
= \frac{U_p(t)}{k_d^*}\frac{1}{\sqrt{(1-v_d^2)^2 + 4\xi^2 v_d^2}}K_G K_P\sin(\omega_p t - \beta_d) \tag{4-36}
$$

式中:K_G 为谐振子的几何参数影响系数;K_P 为谐振子的物理参数影响系数。

$$
\begin{cases}
K_G = \dfrac{b_p h_p(h_b + h_p)^2}{4H^2(R - R_0)} \\[3mm]
K_P = \left(\dfrac{c_{13}e_{33}}{c_{33}} - e_{31}\right)\dfrac{e_{31}}{\varepsilon_{33}}
\end{cases} \tag{4-37}
$$

由式(4-24)可知,理想情况下,弯曲压电传感器在驱动模态下的输出信号 U_{ds} 与陀螺的驱动力输入信号 U_d 具有相同的频率,其相位差为 $\pi/2$。

4.3　谐振子的科里奥利力

4.3.1　振动速度与科里奥利力

由谐振子驱动模态的稳态响应分析可知,谐振子在弯曲压电驱动器的弯矩激励下产生受迫振动,当激励电压频率与谐振子工作模态的固有频率一致时,谐振子进入驱动模态且振幅达到最大,其各点稳态响应的振动位移函数如式(4-38)和式(4-39)所示,对各点位移进行时间微分,可得谐振子壳壁和底部在驱动模态下的振动速度表达式分别为

$$\begin{cases} \dot{u}_{c\_d}(\theta,z,t) = \dfrac{\mathrm{d}u_{c\_d}(\theta,z,t)}{\mathrm{d}t} = \dot{u}_{A\_d}\cos2\theta\cos(\omega_p t - \beta_d) \\[2mm] \dot{v}_{c\_d}(\theta,z,t) = \dfrac{\mathrm{d}v_{c\_d}(\theta,z,t)}{\mathrm{d}t} = \dot{v}_{A\_d}\dfrac{z}{H}\sin2\theta\cos(\omega_p t - \beta_d) \\[2mm] \dot{w}_{c\_d}(\theta,z,t) = \dfrac{\mathrm{d}w_{c\_d}(\theta,z,t)}{\mathrm{d}t} = \dot{w}_{A\_d}\dfrac{z}{H}\cos2\theta\cos(\omega_p t - \beta_d) \end{cases} \quad (4-38)$$

$$\begin{cases} \dot{u}_{b\_d}(\theta,r,t) = \dfrac{\mathrm{d}u_{b\_a}(\theta,r,t)}{\mathrm{d}t} = \dot{u}_{A\_d}\left(\dfrac{r-R_0}{R-R_0}\right)^2\cos2\theta\cos(\omega_p t - \beta_d) \\[2mm] \dot{v}_{b\_d}(\theta,r,t) = 0, \dot{w}_{b\_d}(\theta,r,t) = 0 \end{cases} \quad (4-39)$$

式中：$[\dot{u}_{A\_d}, \dot{v}_{A\_d}, \dot{w}_{A\_d}]$ 为谐振子驱动模态的最大振动速度

$$\begin{cases} \dot{u}_{A\_d} = u_{A\_d}\omega_p \\ \dot{v}_{A\_d} = v_{A\_d}\omega_p \\ \dot{w}_{A\_d} = w_{A\_d}\omega_p \end{cases} \quad (4-40)$$

由于圆柱壳体振动陀螺是用于检测 z 轴角速度的，根据科里奥利力的形成机理[2]，谐振子的振动速度与检测轴正交才会产生科里奥利力，而与检测轴平行的振动速度是不会产生科里奥利力。因此，谐振子上各点的轴向振动速度不产生科里奥利力，在分析谐振子的科里奥利力时，仅考虑谐振子壳壁上各点的切向振动速度和径向振动速度，可得谐振子壳壁各点的切向振动速度和径向振动速度在 xoy 平面内的分布如图 4 – 8 所示。

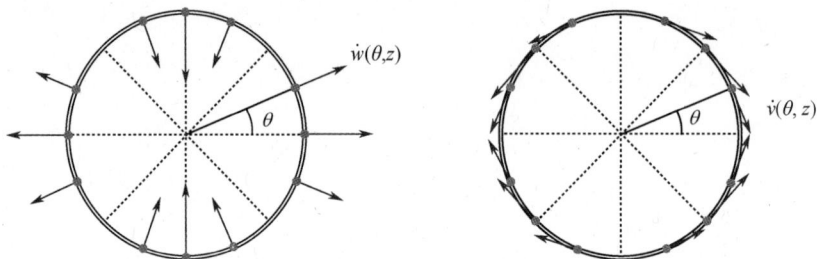

图4 – 8　谐振子壳壁各点在 xoy 平面内的振动速度分布图

由上述分析可知，当陀螺绕 z 轴转动时，谐振子壳壁各点的径向振动速度和切向振动速度会产生科里奥利力。根据科里奥利力定义 $F_c = -2m\Omega \times v$ 可知，在 z 轴角速度 Ω 的作用下，谐振子壳壁上各微元因径向振动速度和切向振动速度所引起的科里奥利力为

$$\begin{cases} f_{cv}(\theta,z,t) = \dot{w}_{c\_d}(\theta,z,t)\Omega \mathrm{d}m\cos(\omega_p t - \beta_d) \\ f_{cw}(\theta,z,t) = \dot{v}_{c\_d}(\theta,z,t)\Omega \mathrm{d}m\cos(\omega_p t - \beta_d) \end{cases} \quad (4-41)$$

式中:dm 为谐振子上各点微元的质量;$f_{cv}(\theta, z)$ 为谐振子上各点径向振动速度产生切向科里奥利力;$f_{cv}(\theta, z)$ 为谐振子上各点切向振动速度产生径向科里奥利力。

将式(4-38)代入式(4-41),可得各微元的科里奥利力为

$$
\begin{cases}
f_{cv}(\theta,z) = \dot{w}_{A\_d}\dfrac{z}{H}\Omega dm\cos2\theta = \dot{w}_{A\_d}\dfrac{z}{H}\Omega(\rho t_c dzRd\theta)\cos2\theta \\
\qquad = \left(\dot{w}_{A\_d}\dfrac{z}{H}\Omega\rho t_c Rdz\right)\cos2\theta d\theta = p_{cv}(z)\cos2\theta d\theta \\
f_{cw}(\theta,z) = \dot{v}_{A\_d}\dfrac{z}{H}\Omega dm\sin2\theta = \dot{v}_{A\_d}\dfrac{z}{H}\Omega(\rho t_c dzRd\theta)\sin2\theta \\
\qquad = \left(\dot{v}_{A\_d}\dfrac{z}{H}\Omega\rho t_c Rdz\right)\sin2\theta d\theta = p_{cw}(z)\sin2\theta d\theta
\end{cases}
\tag{4-42}
$$

式中:$p_{cv}(z)$,$p_{cw}(z)$ 分别为切向科里奥利力载荷密度和径向科里奥利力载荷密度。

$$
\begin{cases}
p_{cv}(z) = \dot{w}_{A\_d}\dfrac{z}{H}\Omega\rho t_c Rdz \\
p_{cw}(z) = \dot{v}_{A\_d}\dfrac{z}{H}\Omega\rho t_c Rdz
\end{cases}
\tag{4-43}
$$

由式(4-42)可得谐振子壳壁各点的径向科里奥利力和切向科里奥利力在 xoy 平面内的分布如图4-9所示。

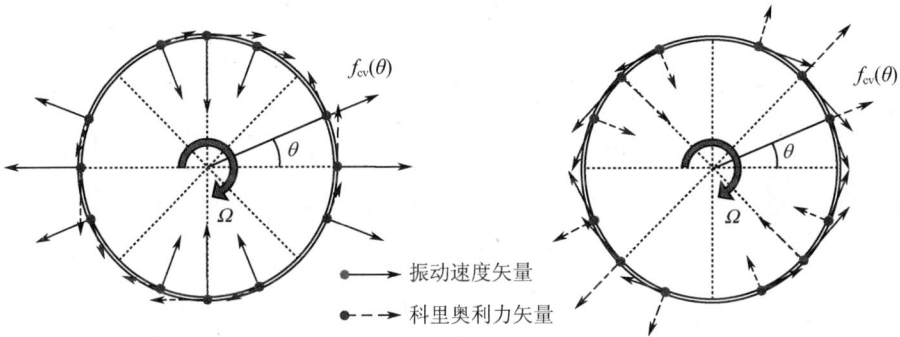

图4-9 谐振子壳壁各点在 xoy 平面内的科里奥利力分布图

4.3.2 科里奥利力与等效力矩

将谐振子壳壁沿 z 轴离散为若干段圆环,分析 dz 高度的圆环在科里奥利力作用下的变形情况。根据圆环所受科里奥利力和圆环结构对称性特点,取环向 $-45° \sim 45°$ 区间的微段圆环进行受力分析。如图4-10所示,设环向截面内正应力为 $N(\theta)$,切应力为 $Q(\theta)$,内弯矩为 $M(\theta)$,将微元所受的切向科里奥利力和径向科里奥利力视为外力作用。

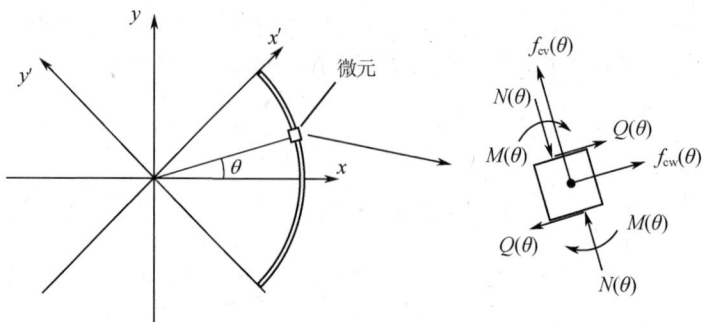

图 4 - 10 谐振子壳壁离散圆环微段的受力示意图

圆环的切向科里奥利力 $f_{cv}(\theta, z)$ 沿 x' 轴和 y' 轴分解后积分,有

$$
\begin{cases}
N_{xv} = \displaystyle\int_{\theta}^{\frac{\pi}{4}} f_{cv}(\theta)\cos\left(\frac{\pi}{4} - \theta\right)\mathrm{d}\theta = \int_{\theta}^{\frac{\pi}{4}} p_{cv}(z)\cos 2\theta \sin\left(\frac{\pi}{4} - \theta\right)\mathrm{d}\theta \\[2mm]
\qquad = p_{cv}(z)\left[\sin\left(\frac{\pi}{4} - \theta\right) - \frac{1}{3}\sin\left(\frac{3\pi}{4} - 3\theta\right)\right] \\[3mm]
N_{yv} = -\displaystyle\int_{-\frac{\pi}{4}}^{\theta} f_{cv}(\theta)\cos\left(\frac{\pi}{4} + \theta\right)\mathrm{d}\theta = -\int_{-\frac{\pi}{4}}^{\theta} p_{cv}(z)\cos 2\theta \sin\left(\frac{\pi}{4} + \theta\right)\mathrm{d}\theta \\[2mm]
\qquad = p_{cv}(z)\left[\cos\left(\frac{\pi}{4} - \theta\right) + \frac{1}{3}\cos\left(\frac{3\pi}{4} - 3\theta\right)\right]
\end{cases}
$$

$$(4-44)$$

圆环的径向科里奥利力 $f_{cw}(\theta, z)$ 沿 x' 轴和 y' 轴分解后积分,有

$$
\begin{cases}
N_{xw} = \displaystyle\int_{\theta}^{\frac{\pi}{4}} f_{cw}(\theta)\cos\left(\frac{\pi}{4} - \theta\right)\mathrm{d}\theta = \int_{\theta}^{\frac{\pi}{4}} p_{cw}(z)\sin 2\theta \cos\left(\frac{\pi}{4} - \theta\right)\mathrm{d}\theta \\[2mm]
\qquad = p_{cw}(z)\left[\sin\left(\frac{\pi}{4} - \theta\right) + \frac{1}{3}\sin\left(\frac{3\pi}{4} - 3\theta\right)\right] \\[3mm]
N_{yw} = -\displaystyle\int_{-\frac{\pi}{4}}^{\theta} f_{cw}(\theta)\cos\left(\frac{\pi}{4} + \theta\right)\mathrm{d}\theta = -\int_{-\frac{\pi}{4}}^{\theta} p_{cw}(z)\sin 2\theta \cos\left(\frac{\pi}{4} + \theta\right)\mathrm{d}\theta \\[2mm]
\qquad = p_{cw}(z)\left[\cos\left(\frac{\pi}{4} - \theta\right) - \frac{1}{3}\cos\left(\frac{3\pi}{4} - 3\theta\right)\right]
\end{cases}
$$

$$(4-45)$$

建立 $\theta \sim 45°$ 段圆环在 x' 轴上的受力平衡方程和 $-45° \sim \theta$ 段圆环在 y' 轴上的受力平衡方程如下:

$$\begin{cases} N_{xv} + N_{xw} = Q(\theta)\cos\left(\frac{\pi}{4} - \theta\right) - N(\theta)\sin\left(\frac{\pi}{4} - \theta\right) \\ N_{yv} + N_{yw} = N(\theta)\cos\left(\frac{\pi}{4} - \theta\right) + Q(\theta)\sin\left(\frac{\pi}{4} - \theta\right) \end{cases} \qquad (4-46)$$

将式(4-44)和式(4-45)代入式(4-46),得

$$\begin{cases} Q(\theta) = \left(\frac{2}{3}p_{cv}(z) + \frac{4}{3}p_{cw}(z)\right)\cos2\theta \\ N(\theta) = \left(\frac{4}{3}p_{cv}(z) + \frac{2}{3}p_{cw}(z)\right)\sin2\theta \end{cases} \qquad (4-47)$$

由微元力矩平衡方程

$$\Delta M = Q(\theta)R\Delta\theta \qquad (4-48)$$

得微元力矩微分方程如下:

$$\frac{\partial M}{\partial \theta} = Q(\theta)R = R\left(\frac{2}{3}p_{cv}(z) + \frac{4}{3}p_{cw}(z)\right)\cos2\theta \qquad (4-49)$$

解得

$$M(\theta) = R\left(\frac{1}{3}p_{cv}(z) + \frac{2}{3}p_{cw}(z)\right)\sin2\theta \qquad (4-50)$$

因此,在得到圆环内正应力、剪应力和内力矩的条件下,求解科里奥利力作用下圆环的位移,即有

$$\frac{\partial^2 w}{\partial \theta^2} + w = -\frac{M(\theta)R^2}{EI} = -\left(\frac{1}{3}p_{cv}(z) + \frac{2}{3}p_{cw}(z)\right)\frac{R^3}{EI}\sin2\theta \qquad (4-51)$$

式中:$I = \dfrac{t_c^3 \mathrm{d}z}{12}$为 $\mathrm{d}z$ 高度圆环的截面惯性矩。

解微分方程式(4-24),可得科里奥利力作用下圆环的径向位移函数为

$$w = \left(\frac{1}{9}p_{cv}(z) + \frac{2}{9}p_{cw}(z)\right)\frac{R^3}{EI}\sin2\theta = w_{c0}\sin2\theta \qquad (4-52)$$

将径向位移函数表达式(4-24)代入式(3-16),可得科里奥利力作用下圆环的切向位移函数为

$$v = \left(\frac{1}{18}p_{cv}(z) + \frac{1}{9}p_{cw}(z)\right)\frac{R^3}{EI}\cos2\theta = v_{c0}\cos2\theta \qquad (4-53)$$

根据第 3 章关于圆环的径向刚度分析可知,科里奥利力作用下圆环的位移函数与对称两点集中力作用下圆环的位移函数的环向分布规律基本相同,因此,可将圆环上的科里奥利力作用等效为对称两点集中力的作用,即 $\theta = \pi/4$ 和 $\theta = 5\pi/4$ 处,等效作用力 f_c 才会做功,产生如图 4-11 所示的圆环的变形。

由式(4-58)和式(4-26)可求得科里奥利力的等效作用力为

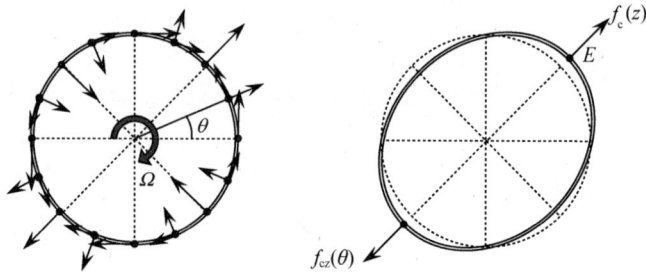

图4-11　谐振子壳壁离散圆环科里奥利力分布及等效力示意图

$$f_c(z) = w_{c0} \cdot dk_w = \left(\frac{1}{9} p_{cv}(z) + \frac{2}{9} p_{cw}(z) \right) \frac{R^3}{EI} \frac{3\pi E t_c^3 dz}{8R^3}$$

$$= \frac{\pi}{2} p_{cv}(z) + \pi p_{cw}(z) \tag{4-54}$$

上述推导是建立在谐振子壳壁的轴向离散成若干段圆环的基础上,由式(4-43)可知,各 dz 高度圆环的几何参数和振动速度各不一样,将式(4-43)代入式(4-54),得

$$f_c(z) = \frac{\pi}{2} \frac{z}{H} \Omega \rho R t (\dot{w}_{A\_d} + 2\dot{v}_{A\_d}) dz \tag{4-55}$$

因此可得到式(4-55)中描述的 dz 高度圆环的科里奥利力的等效作用力 $f_c(z)$ 沿 $x'oz$ 平面内谐振子壳壁内圆母线分布情况,如图4-12(a)所示。

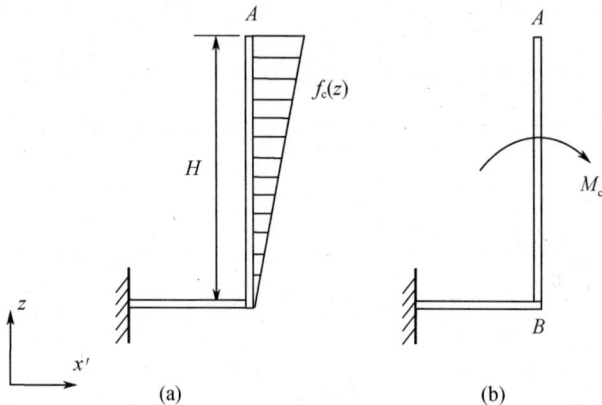

图4-12　谐振子壳壁的等效作用力分布及等效力矩
(a) 等效力分布;(b) 等效力矩。

根据图4-12(a)的科里奥利力等效作用力在谐振子壳壁母线的分布情况,结合式(4-55)可知,谐振子壳壁科里奥利力的等效作用力将在母线下端点 B 形成

62

力矩作用,即在谐振子的集中参数模型的 B 点产生等效力矩,如图 4-12(b) 所示。由式(4-55)可得科里奥利力在谐振子的集中参数模型产生的等效科里奥利力矩为

$$M_c = \int_0^H \left(\frac{\pi}{2} \frac{z}{H} \Omega \rho R t_2 (\dot{w}_{A\_d} + 2\dot{v}_{A\_d}) \right) \cdot z\,dz$$

$$= \frac{\pi \Omega \rho R (\dot{w}_{A\_d} + 2\dot{v}_{A\_d}) t H^2}{6} \qquad (4-56)$$

由科里奥利力定义和式(4-56)可知,谐振子所受科里奥利力与谐振子驱动模态的稳态响应同频同相,即有等效简谐科里奥利力矩:

$$M_c(t) = \Omega \rho (\dot{w}_{A\_d} + 2\dot{v}_{A\_d}) \frac{\pi R t H^2}{6} \cos(\omega_p t - \beta_d)$$

$$= M_{c0} \sin\left(\omega_p t - \beta_d + \frac{\pi}{2} \right) \qquad (4-57)$$

式中:ω_d 为等效简谐科里奥利力矩频率;M_{c0} 为等效简谐科里奥利力矩幅值,与陀螺输入角速度有关,将式(4-40)和式(4-55)代入式(4-57),可得其表达式为

$$M_{c0} = \Omega \rho \left(\omega_p \frac{F^*}{k_d^*} \frac{2}{\sqrt{(1 - v_d^2)^2 + 4\xi^2 v_d^2}} \right) \frac{\pi R t H^2}{6}$$

$$= \Omega \dot{w}_A \Theta_{\Omega M} \qquad (4-58)$$

式中:$\Theta_{\Omega M} = \dfrac{\pi \rho R t H^2}{3}$ 为谐振子的角速度到科里奥利力矩的转换系数。

4.4　谐振子敏感模态的响应

圆柱壳体振动陀螺谐振子所受科里奥利力等效为力矩作用,该等效力矩可视为与驱动模态振动速度同频同相的驱动力,使谐振子产生对应位置的敏感模态。本节基于谐振子结构的对称性,利用谐振子动力学模型,分析谐振子在等效力矩作用下所产生的稳态响应,解算谐振子压电电极的信号输出。

4.4.1　敏感模态的稳态响应

由谐振子的科里奥利力分析可知,科里奥利力矩对谐振子的施力状态与弯曲压电驱动力矩对谐振子的施力状态相同。根据谐振子的结构对称性可知,此种受力状态下,等效科里奥利力矩可激励出谐振子的敏感模态,谐振子也可等效为图 4-13 所示的等效集中参数模型。

在图 4-13 所示的等效集中参数模型中的 2 个集中质量单元,3 个集中刚度

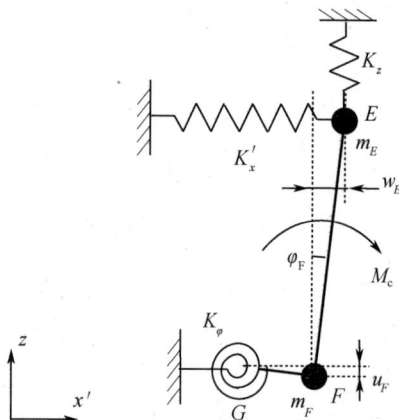

图 4 - 13　科里奥利力矩与谐振子的等效集中参数模型

单元与驱动模态下谐振子等效集中参数模型相同，M_c 为科里奥利力矩，广义位移为谐振子壳壁顶端 E 点($x'oz$ 平面内)的径向位移 w_E。

科里奥利力矩作用下的谐振子等效集中参数模型的动力学方程为

$$\left(m_E H + (m_E + m_F)\frac{(R - R_0)^2}{4H} \right)\ddot{w}_E + \left(K'_x H + K_z\frac{(R - R_0)^2}{4H} + \frac{EI_\theta}{(R - R_0)H} \right)w_E = M_c$$

$$(4 - 59)$$

由谐振子的结构对称性可知，理想条件下，式(4 - 60)中：

$$m_E = m_A, m_F = m_B, K'_x = K_x \tag{4 - 60}$$

考虑阻尼比的影响，敏感模态下系统的动力学方程式(4 - 59)可改写为

$$\ddot{w}_E + 2\xi\omega_s w_E + \omega_s^2 w_E = \frac{F_c^*}{m_s^*}\sin\left(\omega_p t - \beta_d + \frac{\pi}{2} \right) \tag{4 - 61}$$

式中：$F_c^* = M_{c0}$ 为系统广义力；质量 m_s^*、频率 ω_s 和阻尼 ξ 与驱动模态下系统的等效集中参数模型相同。

同理，微分方程式(4 - 61)的通解为

$$w_E(t) = (C_1\cos\omega_c t + C_2\sin\omega_c t)e^{-\xi\omega_s t}$$

$$+ \frac{F_c^*}{k_s^*}\frac{1}{\sqrt{(1 - v_s^2)^2 + 4\xi^2 v_s^2}}\left[(1 - v_s^2)\sin\left(\omega_p t - \beta_d + \frac{\pi}{2} \right) - 2\xi v_s\cos\omega_d t \right]$$

$$(4 - 62)$$

式中：$v_s = \dfrac{\omega_p}{\omega_s}$ 为敏感模态的频率比。

谐振子敏感模态的稳态响应可写成如下形式：

$$w_E(t) = \frac{F_c^*}{k_s^*} \frac{1}{\sqrt{(1-v_s^2)^2 + 4\xi^2 v_s^2}} \Big[(1-v_s^2)\sin\Big(\omega_p t - \beta_d + \frac{\pi}{2}\Big) - 2\xi v_s \cos\omega_d t \Big]$$

$$= w_{E\_st}\eta_s \sin\Big(\omega_p t - \beta_d + \frac{\pi}{2} - \beta_s\Big) = w_{E\_s}\sin\Big(\omega_p t - \beta_d + \frac{\pi}{2} - \beta_s\Big) \qquad (4-63)$$

式中:w_{E_s} 为敏感模态动态位移振幅;w_{E_st} 为静态位移,与系统广义力有关;η_s 为敏感模态的动态位移放大系数;β_s 为敏感模态动态位移的响应滞后相位角,上述各量分别表述如下:

$$\begin{cases} w_{E\_s} = w_{E\_st}\eta_s \\[2mm] w_{E\_st} = \dfrac{F_c^*}{k_s^*} \\[4mm] \eta_s = \dfrac{1}{\sqrt{(1-v_s^2)^2 + 4\xi^2 v_s^2}} \\[4mm] \beta_s = \arccos\left(\dfrac{1-v_s^2}{\sqrt{(1-v_s^2)^2 + 4\xi^2 v_s^2}}\right) \end{cases} \qquad (4-64)$$

由上述分析可知,谐振子由科里奥利力激励的敏感模态的动态特性与弯曲压电驱动器激励的驱动模态的动态特性基本一致。

根据上述谐振子敏感模态的动力学分析,当简谐科里奥利力的频率与谐振子敏感模态频率一致时,即 $\omega_p = \omega_s$ 时,谐振子的敏感模态被激励,其稳态响应的动态位移的幅值达到最大,即

$$w_E(t) = \frac{F_c^*}{k^*} \frac{1}{2\xi}\sin\Big(\omega_p t - \frac{\pi}{2}\Big) \qquad (4-65)$$

此时,谐振子动态响应的动力放大系数为 $1/2\xi$,响应滞后相位角为 $90°$。

根据式(4-65),在得出谐振子敏感模态动态响应的广义位移函数后,可根据谐振子工作模态的振型函数,得到谐振子上各点在敏感模态下动态响应的振动位移分布函数。敏感模态下谐振子壳壁的振动位移分布函数为

$$\begin{cases} u_{c\_s}(r,\theta,z,t) = u_{E\_s}\sin2\theta\sin\omega_d t = w_{E\_s}\dfrac{R-R_0}{2H}\sin2\theta\sin\Big(\omega_p t - \beta_d + \dfrac{\pi}{2} - \beta_s\Big) \\[4mm] v_{c\_s}(r,\theta,z,t) = -v_{E\_s}\dfrac{z}{H}\cos2\theta\sin\omega_d t = -\dfrac{1}{2}w_{E\_s}\dfrac{z}{H}\cos2\theta\sin\Big(\omega_p t - \beta_d + \dfrac{\pi}{2} - \beta_s\Big) \\[4mm] w_{c\_s}(r,\theta,z,t) = w_{E\_s}\dfrac{z}{H}\sin2\theta\sin\Big(\omega_p t - \beta_d + \dfrac{\pi}{2} - \beta_s\Big) \end{cases}$$

$$(4-66)$$

敏感模态下谐振子底部的振动位移分布函数为

$$
\begin{cases}
u_{b\_s}(r,\theta,z,t) = u_{E\_s}\left(\dfrac{r-R_0}{R-R_0}\right)^2 \sin2\theta\sin\left(\omega_p t -\beta_d +\dfrac{\pi}{2}-\beta_s\right) \\[2mm]
\qquad\qquad = -w_{E\_s}\dfrac{R-R_0}{2H}\left(\dfrac{r-R_0}{R-R_0}\right)^2 \sin2\theta\sin\left(\omega_p t -\beta_d +\dfrac{\pi}{2}-\beta_s\right) \\[2mm]
v_{b\_d}(r,\theta,z,t) = 0 \\[2mm]
w_{b\_d}(r,\theta,z,t) = 0
\end{cases}
$$

$$(4-67)$$

4.4.2 敏感模态的检测信号

由陀螺的基本工作原理可知,谐振子敏感模态的检测压电电极分布在谐振子底部 $\theta=\pi/4$ 和 $\theta=5\pi/4$ 处。以谐振子底部 $\theta=\pi/4$ 处压电电极为例,根据式(4-67)可得,其轴向位移函数在弯曲压电传感器的局部坐标系中可表示为

$$
u_{b\_s}(x,t) = u_{E\_s}\left(\frac{x-R_0}{R-R_0}\right)^2 \sin\left(\omega_p t -\beta_d +\frac{\pi}{2}-\beta_s\right) \qquad (4-68)
$$

根据弯曲压电驱动器的原理,在圆柱壳体振动陀螺的敏感模态下,压电电极会随谐振子底部做弯曲振动,其内部的应变以 x 向正应变为主,且中性面 x 向正应变与谐振子底部的挠曲线有关,如图 4-14 所示。

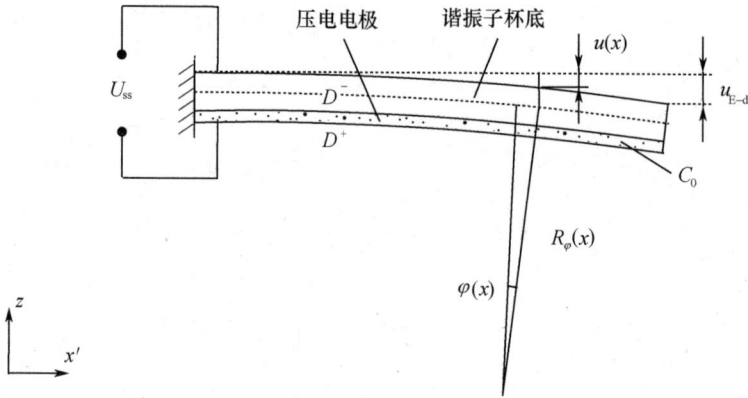

图 4-14 弯曲压电传感器应变与信号

与驱动模态的振动检测相似,压电电极随谐振子底部产生挠度 u 后,其 x 向中面的正应变为

$$
S(x,t) = \frac{h_b + h_p}{2}\frac{\partial^2 u}{\partial x^2} \qquad (4-69)
$$

将式(4-68)代入式(4-69),得

66

$$S(x,t) = u_{E\_s} \frac{h_{\mathrm{b}} + h_{\mathrm{p}}}{(R - R_0)^2} \sin\left(\omega_{\mathrm{p}} t - \beta_{\mathrm{d}} + \frac{\pi}{2} - \beta_{\mathrm{s}}\right) \qquad (4-70)$$

将式(4-70)代入式(2-20)可得,弯曲压电传感器电极的检测电压 U_{s} 为

$$U_{\mathrm{ss}} = \frac{h_{\mathrm{p}} e_{31} \int_0^{l_{\mathrm{p}}} S_1(x)\,\mathrm{d}x}{\varepsilon_{33} l_{\mathrm{p}}} = \frac{e_{31} h_{\mathrm{p}} \int_0^{R-R_0} u_{E\_d}(h_{\mathrm{b}} + h_{\mathrm{p}}) \sin\left(\omega_{\mathrm{p}} t - \beta_{\mathrm{d}} + \dfrac{\pi}{2} - \beta_{\mathrm{s}}\right)\mathrm{d}x}{\varepsilon_{33}(R - R_0)^3}$$

$$= \frac{u_{E\_s} e_{31} h_{\mathrm{p}} (h_{\mathrm{b}} + h_{\mathrm{p}})}{\varepsilon_{33}(R - R_0)^2} \sin\left(\omega_{\mathrm{p}} t - \beta_{\mathrm{d}} + \frac{\pi}{2} - \beta_{\mathrm{s}}\right) \qquad (4-71)$$

将式(4-10)、式(4-58)和式(4-64)代入式(4-71),得

$$U_{\mathrm{ss}} = \frac{M_{c0}}{k_{\mathrm{s}}^*} \frac{1}{\sqrt{(1 - v_{\mathrm{s}}^2)^2 + 4\xi^2 v_{\mathrm{s}}^2}} \frac{R - R_0}{2H} \frac{e_{31} h_{\mathrm{p}}(h_{\mathrm{b}} + h_{\mathrm{p}})}{\varepsilon_{33}(R - R_0)^2} \sin\left(\omega_{\mathrm{p}} t - \beta_{\mathrm{d}} + \frac{\pi}{2} - \beta_{\mathrm{s}}\right)$$

$$= \frac{\Omega U_{\mathrm{p}0} \omega_{\mathrm{p}}}{k_{\mathrm{d}}^* k_{\mathrm{s}}^* \sqrt{(1 - v_{\mathrm{d}}^2)^2 + 4\xi^2 v_{\mathrm{d}}^2} \sqrt{(1 - v_{\mathrm{s}}^2)^2 + 4\xi^2 v_{\mathrm{s}}^2}} \cdot \frac{e_{31} \rho}{\varepsilon_{33}}\left(\frac{c_{13} e_{33}}{c_{33}} - e_{31}\right)$$

$$\frac{\pi t_2 H R b_{\mathrm{p}} h_{\mathrm{p}}(R - R_0)(h_{\mathrm{b}} + h_{\mathrm{p}})^2}{12(R - R_0)^2} \sin\left(\omega_{\mathrm{p}} t - \beta_{\mathrm{d}} + \frac{\pi}{2} - \beta_{\mathrm{s}}\right)$$

$$= \Omega \frac{U_{\mathrm{p}0} \omega_{\mathrm{p}}}{k_{\mathrm{d}}^* k_{\mathrm{s}}^* \sqrt{(1 - v_{\mathrm{d}}^2)^2 + 4\xi^2 v_{\mathrm{d}}^2} \sqrt{(1 - v_{\mathrm{s}}^2)^2 + 4\xi^2 v_{\mathrm{s}}^2}} K_{\mathrm{G}} K_{\mathrm{P}} \sin\left(\omega_{\mathrm{p}} t - \beta_{\mathrm{d}} + \frac{\pi}{2} - \beta_{\mathrm{s}}\right)$$

$$(4-72)$$

式中: K_{G} 为谐振子的几何参数影响系数; K_{P} 为谐振子的物理参数影响系数。

$$\begin{cases} K_{\mathrm{G}} = \dfrac{\pi t H R b_{\mathrm{p}} h_{\mathrm{p}}(h_{\mathrm{b}} + h_{\mathrm{p}})^2}{12(R - R_0)} \\[3mm] K_{\mathrm{P}} = \dfrac{e_{31} \rho}{\varepsilon_{33}}\left(\dfrac{c_{13} e_{33}}{c_{33}} - e_{31}\right) \end{cases} \qquad (4-73)$$

由式(4-72)可知,理想情况下,弯曲压电传感器的输出信号即陀螺检测的角速度输出信号 U_{s} 与陀螺的驱动力输入信号 U_{d} 具有相同的频率,其相位差为 $\pi/2$。

4.5 圆柱壳体振动陀螺的灵敏度分析

灵敏度是影响圆柱壳体振动陀螺性能的重要因素,其最直接的影响是陀螺刻度因子,它关系到陀螺分辨率,最终影响微陀螺的零偏稳定性。因此在设计陀螺过程中,要建立陀螺灵敏度模型,分析各种参数对灵敏度的影响[3]。

4.5.1　品质因数模型

品质因数是衡量陀螺性能的关键参数,它决定了陀螺的检测灵敏度以及响应速度。品质因数的大小由谐振子的能量损耗机制决定。从能量的角度来看,品质因数是系统中存储的总能量与每一个振荡周期中损失能量的比值。每一循环中损失的能量越低,品质因数就越高。因而对于陀螺来说,谐振子的品质因数越高越好。

圆柱壳体振动陀螺工作时其谐振子的能量耗散情况决定了其品质因数的大小。依据品质因数的定义以及其物理意义,有

$$Q = \frac{2\pi E}{\Delta E} = \frac{2\pi E}{\sum\limits_{i=1}^{n} \Delta E_i} \tag{4-74}$$

式中:E 为振动系统中所存储的总能量;ΔE_i 为第 i 种能量损耗方式所带来的能量损耗。能量损耗是影响谐振子品质因数的内在原因,通常谐振子的总能量损耗由6种基本的能量损耗构成:空气阻尼损耗 $1/Q_{gas}$、表面缺陷损耗 $1/Q_{sur}$、支撑损耗 $1/Q_{sup}$、热弹性损耗 $1/Q_{ther}$、内摩擦损耗 $1/Q_{fri}$ 以及其他环境损耗 $1/Q_{other}$。总能量损耗 $1/Q$ 与分能量损耗的关系为

$$\frac{1}{Q} = \frac{1}{Q_{gas}} + \frac{1}{Q_{sur}} + \frac{1}{Q_{sup}} + \frac{1}{Q_{ther}} + \frac{1}{Q_{fri}} + \frac{1}{Q_{other}} \tag{4-75}$$

1. 表面损耗对品质因数的影响

谐振子一般通过车削或磨削的方式进行加工,这种物理加工过程将不可避免地破坏壳体表面形貌,带来表面微裂纹及灼伤。谐振子表面层晶粒分布方向呈现随机性,因此谐振子表面层的热传导具有非均匀性,这些非均匀热传导导致了表面损耗。谐振子的表面损耗与其损伤层的厚度呈正比,T. Uchiyama 等给出了圆柱形谐振子表面损耗公式[4]:

$$\frac{1}{Q_{sur}} = 2h_{dam}\left(\frac{1}{L+l} + \frac{1}{R}\right)\frac{E\Gamma\gamma^2}{c}\frac{\omega_0\tau}{1+(\omega_0\tau)^2} \tag{4-76}$$

式中:$\tau = \psi^2\dfrac{c}{\kappa}$,$c$ 为单位体积热容,κ 为热导率;γ 为热膨胀系数;h_{dam} 为损伤层厚度;Γ 为谐振子的温度。

2. 热弹性损耗对品质因数的影响

在谐振子振动的过程中,其中面长度不发生变化,而在中面的左右两侧,材料因被压缩和拉伸产生不同的温度梯度,这种内部的温度传导将导致热弹性阻尼损耗。热弹性阻尼在微机电陀螺受到较多关注,大多数热弹性阻尼模型是基于 Zener

68

的经典热弹性阻尼理论。热弹性阻尼损耗与谐振子的结构尺寸紧密相关,通常采用品质因数的另一种定义形式来进行计算:

$$\frac{1}{Q_{\text{ther}}} = 2 \left| \frac{\text{Im}(\omega_r)}{\text{Re}(\omega_r)} \right| \tag{4-77}$$

式中:ω_r 为在热弹性振动条件下的谐振环固有频率,有[5]

$$\omega_r^2 = \frac{1}{\rho h_s} \left\{ \left[D_s + F_1(\omega_r) \right] \left[(n/R)^2 + \lambda_m^2 \right]^2 + \frac{F_0(\omega_r)\lambda_m^2}{R(1+\varepsilon_r)} \right.$$
$$\left. + \frac{K(1-\mu^2)\lambda_m^4}{R^2(1+\varepsilon_r)\left[(n/R)^2 + \lambda_m^2 \right]^2} \right\} \tag{4-78}$$

式中:$\lambda_m = \lambda_L$;$\varepsilon_r, F_0(\omega_r), F_1(\omega_r)$ 与热膨胀系数、单位体积比热容、温度等参数有关,其具体表达式可参见文献。考虑到谐振子的侧壁由薄环和厚环两部分共同构成,它的总热弹性阻尼损耗可分别进行计算。

谐振子底板的热弹性阻尼为[6]

$$\frac{1}{Q_{\text{thb}}} = \Delta_D \left[\frac{6}{\xi^2} - \frac{6}{\xi^3} \left(\frac{\sinh\xi + \sin\xi}{\cosh\xi + \cos\xi} \right) \right] \tag{4-79}$$

式中:$\xi = h\sqrt{\dfrac{\omega_3\rho c}{2\kappa}}$,$\omega_3 = \dfrac{q_n}{R^2}\sqrt{\dfrac{D_b}{\rho h_b}}$,$q_n$ 为频率常数,它们可以通过查找机械振动手册得到,$D_b = \dfrac{Eh_b^3}{12(1-\mu^2)}$,$\Delta_D = \dfrac{(1+\mu)\gamma\beta T}{\rho c}$,$\beta = \dfrac{E\gamma}{1-2\mu}$。

于是谐振子的总热弹性阻尼损耗为

$$\frac{1}{Q_{\text{ther}}} = \frac{\dfrac{U_s}{Q_{rs}} + \dfrac{U_r}{Q_{rr}} + \dfrac{U_b}{Q_{rb}}}{U_s + U_r + U_b} \tag{4-80}$$

3. 支撑损耗对品质因数的影响

支撑损耗主要是指振动的能量流通过支撑结构传递到底座的能量。如图4-15 所示,谐振子的弹性底板与底座相连,其在振动时对底座的作用可以建模为离散的作用力与力矩。假设传递到底座上的能量流不会被反射,则传递到基底的能量流可以表示为

$$\Pi = \frac{1}{2}\text{Re}(F \cdot V) \tag{4-81}$$

式中:F 为点矢量载荷;V 为该点相应的谐振角速度。

由支撑损耗导致的能量损失为

$$U_{\text{sup}} = \Pi \frac{2\pi}{\omega} \tag{4-82}$$

69

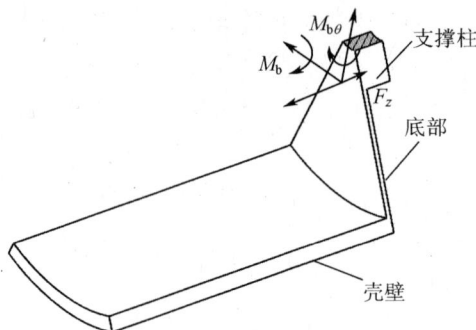

图 4-15 谐振子的支撑损耗模型

将底座视为具有厚度 h_p 的厚板,考虑垂直底板的剪切应力 F_z,弯矩 M_b,扭矩 $M_{b\theta}$,它们可由板壳理论计算得到:

$$M_b(r) = -D_b\left[\frac{\partial^2 u_b}{\partial r^2} + \mu\left(\frac{1}{r}\frac{\partial u_b}{\partial r} + \frac{1}{r^2}\frac{\partial^2 w}{\partial \theta^2}\right)\right]$$

$$M_{b\theta}(r) = -D_b\left[\left(\frac{1}{r}\frac{\partial u_b}{\partial r} + \frac{1}{r^2}\frac{\partial^2 w}{\partial \theta^2}\right) + \mu\frac{\partial^2 u_b}{\partial r^2}\right] \qquad (4-83)$$

$$F_x(r) = -D_b\frac{\partial}{\partial r}\nabla^2 u_b$$

式中:$\nabla^2 = \dfrac{\partial^2}{\partial r^2} + \dfrac{1}{r}\dfrac{\partial}{\partial r} + \dfrac{\partial^2}{r^2\partial\theta^2}$。

将 $r = r_0$ 代入式(4-83),可以得到作用在底座上的负载。而负载与其法向角速度 Ω_b、切向角速度 $\Omega_{b\theta}$、以及线速度 V_z 的关系为

$$\begin{bmatrix} \Omega_b \\ \Omega_{b\theta} \\ V_z \end{bmatrix} = \frac{1}{\sqrt{\rho h_b D_p}}\begin{bmatrix} y_{11}k^2 & 0 & 0 \\ 0 & y_{22}k^2 & y_{23}k \\ 0 & y_{32}k & y_{33} \end{bmatrix}\begin{bmatrix} \overline{M}_b \\ \overline{M}_{b\theta} \\ \overline{F}_z \end{bmatrix} \qquad (4-84)$$

式中:k 为在频率 ω 下的自由波数,$k = [\omega(\rho h_p/D_p)^{1/2}]^{1/2}$,$D_p = \dfrac{Eh_p^3}{12(1-\mu^2)}$;$\overline{F}_z$,$\overline{M}_b$,

$\overline{M}_{b\theta}$ 分别为剪切应力 F_z、弯矩 M_b、扭矩 $M_{b\theta}$ 的积分。$\overline{F}_z = \displaystyle\int_0^{\pi/4} F_z\mathrm{d}\theta$,$\overline{M}_b = \displaystyle\int_0^{\pi/4} M_b\mathrm{d}\theta$,

$\overline{M}_{b\theta} = \displaystyle\int_0^{\pi/4} M_{b\theta}\mathrm{d}\theta$。$y_{11}$,$y_{22}$,$y_{23}$,$y_{32}$,$y_{33}$ 在文献中已被计算[7]。于是可以得到传递到底座的能量流为

$$\Pi_{F_z} = \frac{2}{\sqrt{\rho h_p D_p}}(y_{32}k\overline{M}_{b\theta}\overline{F}_z + y_{33}\overline{F}_z^2)$$

70

$$\Pi_{Mb\theta} = \frac{2}{\sqrt{\rho h_p D_p}} (y_{22} k^2 \overline{M}_{b\theta}^2 + y_{23} \overline{kF_z} \overline{M}_{b\theta})$$

$$\Pi_{Mb} = \frac{2}{\sqrt{\rho h_p D_p}} y_{11} k^2 \overline{M}_b^2 \qquad (4-85)$$

根据阻尼损耗的定义,最终得到了谐振子的支撑阻尼损耗为

$$\frac{1}{Q_{sup}} = \frac{U_{sup}}{2\pi S} = \frac{\Pi_{Fz} + \Pi_{Mb} + \Pi_{Mb\theta}}{\omega S} \qquad (4-86)$$

4. 内摩擦损耗对品质因数的影响

谐振子材料除了具有弹性变形外,还具有一部分非弹性变形。谐振子在振动过程中克服黏滞性做功,这部分无用功导致了谐振子的内摩擦损耗。根据KelvinVoigt模型,当具有材料阻尼 ξ 时,胡克定律应表示为

$$\sigma = E\left(\varepsilon + \xi \frac{d\varepsilon}{dt}\right) \qquad (4-87)$$

式中:σ, ε 分别为弹性微元在非中面的应力和应变。

可以看出,$\xi d\varepsilon/dt$ 这一项将导致黏滞性内摩擦损耗,其相应的力矩将作用在该段微元的横截面上,如图4-16所示。微元的变形量 ε 为

$$\varepsilon = \frac{(R'+l_r)(d\theta+\delta d\theta) - (R+l_r)d\theta}{(R+l_r)d\theta} \approx \frac{l_r \delta d\theta}{R d\theta} \qquad (4-88)$$

式中:R' 为非中面变形后的新半径;l_r 为其距离中面的距离。注意中面的长度在振动过程中是不变的,因而有

$$R d\theta = R'(d\theta + \delta d\theta) \qquad (4-89)$$

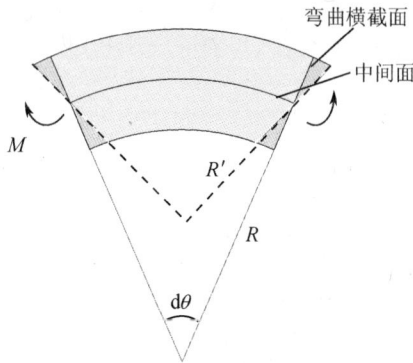

图4-16 内摩擦损耗模型

又令 $\Delta k = \dfrac{\delta d\theta}{R d\theta}$,于是,得

$$\varepsilon = \Delta k l_r \qquad (4-90)$$

其中 Δk 表示曲率变化:

$$\Delta k = \frac{1}{R'} - \frac{1}{R} = \frac{\partial \varphi}{R \mathrm{d}\theta} \qquad (4-91)$$

式中:φ 为微元发生的角度偏转。

由黏滞阻尼效应产生的作用力 $\sigma' = E\xi\dot{\varepsilon}$,于是在单元界面产生的力矩 M 为

$$M = \int \sigma' l \mathrm{d}s$$

$$= \frac{EI\xi}{R} \frac{\partial \dot{\varphi}}{\partial \theta} = \frac{K\xi}{R} \frac{\partial \dot{\varphi}}{\partial \theta} \qquad (4-92)$$

式中:I 为横截面的惯量矩,其大小由截面厚度 h 决定,即

$$I = \frac{h^3}{12} \mathrm{d}x \qquad (4-93)$$

力矩 M 做的功不贡献谐振子的振动,因此均为无用功。对于谐振子侧壁部分,其耗散能 U_{sr} 包括谐振环部分和支撑环部分,可写为

$$U_{sr} = \frac{1}{2} \int_0^l \int_0^{2\pi} \frac{h_s^3}{12} \frac{E\xi}{R^3} (\dot{v}' - \dot{w}'')(v' - w'') \mathrm{d}\theta \mathrm{d}x$$

$$+ \frac{1}{2} \int_l^{L+l} \int_0^{2\pi} \frac{h_r^3}{12} \frac{E\xi}{R^3} (\dot{v}' - \dot{w}'')(v' - w'') \mathrm{d}\theta \mathrm{d}x \qquad (4-94)$$

注意到谐振子不仅有径向的变形,而且有轴向的变形,对于轴向变形,其微元的惯量表示为

$$I = \frac{h^3}{12} R \mathrm{d}\theta \qquad (4-95)$$

相应地,轴向变形的曲率变化为

$$\Delta k_x = \frac{W_1(x)''}{(1 + W_1(x)'^2)^{3/2}} \cos(\omega t) \qquad (4-96)$$

于是由谐振子轴向变形导致的耗散能为

$$U_{sx} = \frac{1}{2} \int_0^l \int_0^{2\pi} \frac{h_s^3}{12} E\xi \Delta \dot{k}_x \Delta k_x R \mathrm{d}\theta \mathrm{d}x + \frac{1}{2} \int_l^{L+l} \int_0^{2\pi} \frac{h_r^3}{12} E\xi \Delta \dot{k}_x \Delta k_x R \mathrm{d}\theta \mathrm{d}x \qquad (4-97)$$

再考虑谐振子底部的内摩擦损耗,其中底部微元的惯量为

$$I_b = \frac{h_b^3}{12} r \mathrm{d}\theta \qquad (4-98)$$

相应的底部曲率变化为

$$\Delta k_b = \frac{u_b(x)''}{(1 + u_b(x)'^2)^{3/2}} \cos(\omega t) \qquad (4-99)$$

于是谐振子底部的耗散能为

$$U_{sb} = \frac{1}{2}\int_{r_0}^{R}\int_0^{2\pi}\frac{h_b^3}{12}E\xi\Delta\dot{k}_b\Delta k_b r\,d\theta\,dr \qquad (4-100)$$

根据定义,最终得到由材料内摩擦导致的损耗为

$$\frac{1}{Q_{fri}} = \frac{U_{sx}+U_{sr}+U_{sb}}{2\pi S} \qquad (4-101)$$

4.5.2 角速度灵敏度模型

通常情况下,圆柱壳体振动陀螺的驱动模态由自激振荡电路驱动,由自激振荡原理可知激励电压的频率为谐振子驱动模态的频率,即有 $\omega_p = \omega_d$,当陀螺有角速度输入时,此时压电电极输出的检测电压 U_s 为

$$U_s = \Omega\frac{U_{p0}\omega_p}{k_d^*k_s^*\sqrt{(1-v_d^2)^2+4\xi^2v_d^2}\sqrt{(1-v_s^2)^2+4\xi^2v_s^2}}K_GK_P\sin\left(\omega_p t-\beta_d+\frac{\pi}{2}-\beta_s\right)$$

$$=\Omega\frac{U_{p0}\omega_d}{k_d^*k_s^*2\xi\sqrt{(1-v_s^2)^2+4\xi^2v_s^2}}K_GK_P\sin(\omega_p t-\beta_s) \qquad (4-102)$$

在陀螺的测控电路中,压电电极输出的检测电压要通过驱动信号 $U_{p0}\sin\omega_p t$ 解调才能得到角速度信号,即有

$$U_\Omega = U_s\cdot U_d = \Omega\frac{U_{p0}^2\omega_d}{k_d^*k_s^*2\xi\sqrt{(1-v_s^2)^2+4\xi^2v_s^2}}K_GK_P\sin(\omega_p t-\beta_s)\sin\omega_p t$$

$$=\Omega\frac{U_{p0}^2\omega_d}{k_d^*k_s^*\xi\sqrt{(1-v_s^2)^2+4\xi^2v_s^2}}K_GK_P\left[\cos(2\omega_p t-\beta_s)-\cos\beta_s\right] \qquad (4-103)$$

滤去上述信号中的高频信号,即得到陀螺的角速度输出信号幅值为

$$U_\Omega = \Omega\frac{U_{p0}^2\omega_d}{k_d^*k_s^*\xi\sqrt{(1-v_s^2)^2+4\xi^2v_s^2}}K_GK_P\left|\cos\beta_s\right| \qquad (4-104)$$

圆柱壳体振动陀螺灵敏度的定义为陀螺的角速度输出信号幅值与陀螺输入角速度幅值的比值。由式(4-104)可得,圆柱壳体振动陀螺的角速度灵敏度 S_g 为

$$S_g = \frac{U_\Omega}{\Omega} = \frac{U_{p0}^2\omega_d}{k_d^*k_s^*\xi\sqrt{(1-v_s^2)^2+4\xi^2v_s^2}}K_GK_P\left|\cos\beta_s\right| \qquad (4-105)$$

对于二阶系统而言,其品质因数与系统阻尼比的关系为

$$Q = \frac{1}{2\xi} \qquad (4-106)$$

通常情况下,圆柱壳体振动陀螺谐振子的结构对称性较好,可忽略驱动模态和敏感模态之间的刚度差异,即认为 $k_d^* = k_s^*$,因此,可将式(4-105)改写为

73

$$S_g = \frac{U_\Omega}{\Omega} = \frac{2Q^2 U_{p0}^2}{\sqrt{k_d^{*\,3} m_d^*}\sqrt{Q^2(1-\upsilon_s^2)^2 + \upsilon_s^2}} K_G K_P |\cos\beta_s| \qquad (4-107)$$

同理,若将检测压电电极输出的检测电压通过驱动信号移相90°之后的信号即 $U_{p0}\cos\omega_p t$ 解调得到角速度信号,即有陀螺角速度灵敏度为

$$S_g = \frac{U_\Omega}{\Omega} = \frac{2Q^2 U_{p0}^2}{\sqrt{k_d^{*\,3} m_d^*}\sqrt{Q^2(1-\upsilon_s^2)^2 + \upsilon_s^2}} K_G K_P |\sin\beta_s| \qquad (4-108)$$

由式(4-107)和式(4-108)可知,圆柱壳体振动陀螺的角速度灵敏度与其谐振子的几何参数、物理参数、驱动电压的幅值和频率,以及角速度信号解调方式有关。

将 k_d^*、m_d^*、K_G 和 K_P 等参数的具体表达式代入式(4-108)中,得

$$S_g = \frac{Q^2}{\sqrt{Q^2(1-\upsilon_s^2)^2 + \upsilon_s^2}} 12 \sqrt{\frac{\pi\rho}{E^3}} \left(\frac{8}{4-\pi}\right)^{3/2} \frac{e_{31}}{\varepsilon_{33}} \left(\frac{c_{13} e_{33}}{c_{33}} - e_{31}\right) \frac{R^5 b_p h_p (h_b + h_p)^2}{(R-R_0)^4 (tH^3)^{3/2}}$$

$$\cdot \frac{tH^5}{[5H^3 t + 3Ht(R-R_0)^2]^{1/2}} |\cos\beta_s| \qquad (4-109)$$

由式(4-109)可知,圆柱壳体振动陀螺的角速度灵敏度随谐振子金属材料的密度 ρ 增大而增大,随金属材料的弹性模量 E 增大而减小,随压电电极的压电应变系数 e_{31}(e_{31} 通常为负值)和 e_{33} 增大而增大。

当谐振子的结构尺寸和材料型号确定后,谐振子的几何参数和物理参数对灵敏度的影响程度确定,决定陀螺灵敏度的主要因素为驱动电压的幅值 U_{d0} 以及谐振子的品质因数 Q。陀螺灵敏度与驱动电压的幅值 U_{d0} 成正比。根据圆柱壳体振动陀螺的自激励驱动原理可知,陀螺的驱动电压频率与驱动模态的频率相同,影响陀螺灵敏度的另一主要因素为谐振子驱动模态频率与敏感模态频率的差异,即谐振子频率裂解 $\Delta\omega = \omega_d - \omega_s$,或驱动模态频率与敏感模态频率比 $\upsilon_s = \omega_p/\omega_s$ 的大小。

以工作模态频率为 4000Hz 的谐振子为例,由式(4-108)和式(4-109)可得,谐振子不同的频率裂解 $\Delta\omega$ 和谐振子品质因数 Q 与陀螺灵敏度的关系,如图 4-17 所示。

由图 4-17 可以看出,采用驱动信号直接解调方法时,陀螺角速度灵敏度随谐振子 Q 值增大而增大,陀螺频率裂解与灵敏度关系并无规律可循。而采用驱动信号相移90°解调方法的圆柱壳体振动陀螺,其角速度灵敏度随频率裂解降低而增大,在频率裂解低于 0.5Hz,角速度灵敏度随 Q 值增大而增大,当频率裂解低于 0.01Hz,陀螺的灵敏度趋于饱和。相对而言,采用驱动信号相移90°解调方法比驱动信号直接解调方法获得的陀螺灵敏度的绝对值要大,因此,为获得较大的角速度

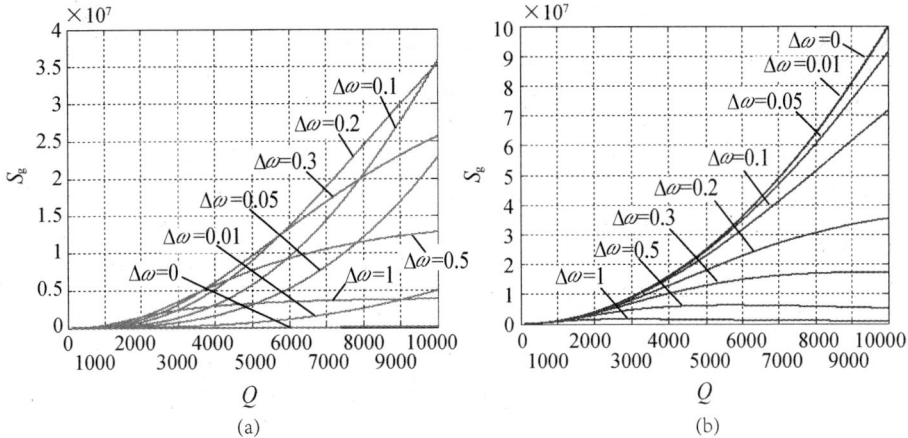

图 4 - 17 谐振子品质因数与陀螺灵敏度的关系曲线

（a）驱动信号调制；（b）驱动信号相移 90°调制。

灵敏度，圆柱壳体振动陀螺谐振子的驱动模态频率和敏感模态频率应非常接近（频率裂解小于 0.1 Hz），谐振子应具有较高的机械品质因数（Q 值大于 5000），且陀螺角速度信号应通过驱动信号相移 90°解调。

参 考 文 献

［1］陶溢 . 杯形波动陀螺关键技术研究［D］. 长沙：国防科学技术大学，2011.

［2］孙世贤 . 理论力学［M］. 长沙：国防科技大学出版社，1997.

［3］席翔 . 杯形波动陀螺零偏漂移机理及其抑制技术研究［D］. 长沙：国防科学技术大学，2014.

［4］UCHIYAMA T, TOMARU T, TOBAR M, et al. Mechanical quality factor of a cryogenic sapphire test mass for gravitational wave detectors［J］. Physics Letters A, 1999, 261(1)：5 - 11.

［5］LU P, LEE H, LU C, et al. Thermoelastic damping in cylindrical shells with application to tubular oscillator structures［J］. International Journal of Mechanical Sciences, 2008, 50(3)：501 - 512.

［6］SUN Y, TOHMYOH H. Thermoelastic damping of the axisymmetric vibration of circular plate resonators［J］. Journal of Sound and Vibration, 2009, 319(1)：392 - 405.

［7］KAUFFMANN C. Input mobilities and power flows for edge - excited, semi - infinite plates［J］. The Journal of the Acoustical Society of America, 1998, 103(4)：1874 - 1884.

第 5 章　圆柱壳体振动陀螺的制造

圆柱壳体振动陀螺的高性能对谐振子的制造精度提出了很高的要求。本章结合谐振子的材料特性、结构尺寸特点、加工精度、经济性等因素,介绍谐振子金属结构的基本制造工艺。

5.1　谐振子的材料

5.1.1　材料特性

高性能壳体振动陀螺的主要特点为灵敏度高和工作温度范围大,除了对谐振子制造有着较高的精度要求外,同时要求材料具有高机械品质因数和低频率温度系数。自然界中,硅、石英、蓝宝石等都具有极高的机械品质因数和极低的频率温度系数,物理化学性质稳定。半球谐振陀螺是目前唯一达到惯性级精度的壳体振动陀螺,其谐振子所采用的熔融石英属于各向同性材料,又同时具有石英晶体的高机械品质因数和低频率温度系数的特性,极好地保证了陀螺性能。但是熔融石英是硬脆材料,机械加工十分困难,对精密加工设备的要求很高,加工成本高、效率低。

为降低加工成本,提高加工效率,低成本的圆柱壳体振动陀螺谐振子可选用金属作为材料。在选择合金作为谐振子材料的时候,应重点关注合金材料的内耗、线性热膨胀系数和弹性模量温度系数。

弹性合金是一类具有特殊弹性性能的合金,具有良好的力学性能和某些特殊的物理化学性能,常用于制造仪表、自动化装置和精密机械中的各种弹性元件。弹性合金的性能主要表现在弹性性能、非弹性性能和弹性反常 3 个方面。一般金属的弹性模量 E 和 G 随温度的升高而降低,相应的弹性模量温度系数为 β_E、β_G。恒弹性合金的特点是在一定的温度范围内,其 E 和 G 以及可制得元件的共振频率 f_0 不随温度变化。弹性模量随温度升高而增加的现象称为弹性反常,若在某一温度区间内,弹性反常能补偿正常的弹性模量随温度升高的降低值,则可在该区间内获得恒弹性,制得恒弹性合金。例如铁镍恒弹性合金 3J58 的镍质量分数为 43.0% ~ 43.6% ,此时金属具有恒弹特性。恒弹性合金弹性模量在常温附近基本保持恒定值，一般规定在 $-60°C \sim 100°C$ 范围内弹性模量温度系数 $\beta_E \times 120 \times 10^{-6}/°C$。恒弹性合金主要有 Fe – Ni – Cr 系和 Fe – Ni – Mo 系铁磁性合金，以及 Mn – Cu 系反铁磁性合金和 Nb – Zr 系顺磁性合金[1]。

恒弹性合金是制造谐振子的理想材料，这类合金弹性模量温度系数和频率温度系数小，弹性和强度高，热膨胀系数低，弹性后效较小，耐腐蚀性较好。尤其值得指出的是，这类合金塑性良好，易于加工成各种结构复杂的弹性元件。根据各种用途的特点，可通过调节合金材料成分和热处理工艺，来实现弹性模量温度系数和频率温度系数的要求。常见的高性能金属间化合物强化型恒弹性合金有国产的 3J53、3J58、3J59，以及美国 Ni – Span – C 公司的合金 902，其成分和性能如表 5 – 1 和表 5 – 2 所列。

表 5 – 1　典型恒弹性合金的主要成分

合金牌号	化学成分/%							
	Ni	Cr	Ti	Al	Mo	Mn	C	Fe
3J53	42	5.5	2.5	0.75		<0.7	<0.05	其余
3J58	43	5.5	2.5	0.6		<0.7	<0.05	其余
3J59	43.5	5.0	2.5	0.5	0.5	<0.5	<0.03	其余
Ni – Span – C alloy 902	41~43.5	4.9~5.7	2.2~2.7	0.3~0.8		<0.8	<0.06	其余

表 5 – 2　典型恒弹性合金的主要性能

合金	工作温度范围/°C	线性热膨胀系数/$(10^{-6}/°C)$	机械品质因数	频率温度系数/$(10^{-6}/°C)$	主要特点
3J53	-40~80	8.3	≥10000	0~20	优点:工作范围大,热膨胀系数与频率温度系数低;缺点:对成分变化较敏感
3J58	-40~120	8.3	≥10000	-5~5	
3J59	-40~120	8.3	≥18000	-2~2	
Ni – Span – C 合金 902	-45~70	7.6	≥20000	-5~5	

恒弹性合金的弹性模量温度系数对材料成分尤其是 Ni 含量变化较敏感，其 Ni 含量与弹性模量温度系数的关系，如图 5 – 1 所示[2]。

恒弹性合金的弹性模量温度系数还与材料的工作频率有关，如图 5 – 2 所示。

恒弹性合金的机械品质因数对材料成分也较敏感，属于可控 Q 值的恒弹性合金。其中 Al 和 Si 含量对合金的机械品质因数有极大的影响，如图 5 – 3 所示。

5.1.2　材料处理

在合金使用前，一般均需要经过较大减面率的冷加工处理，使材料表面与中心的组织状态产生一定程度的差异（图 5 – 4），而这些差异最终表现为材料物理性质

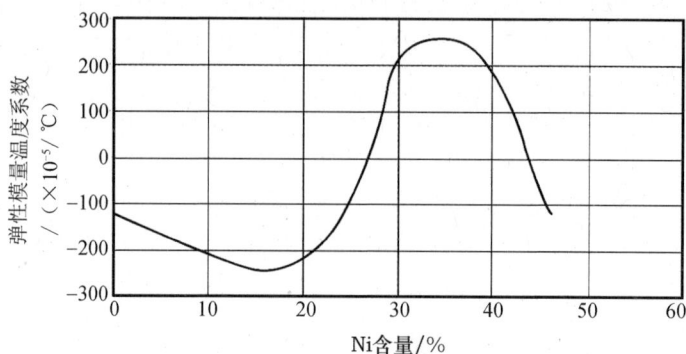

图 5-1 Ni-Span-C 合金 902 合金 Ni 含量与弹性模量温度系数的关系

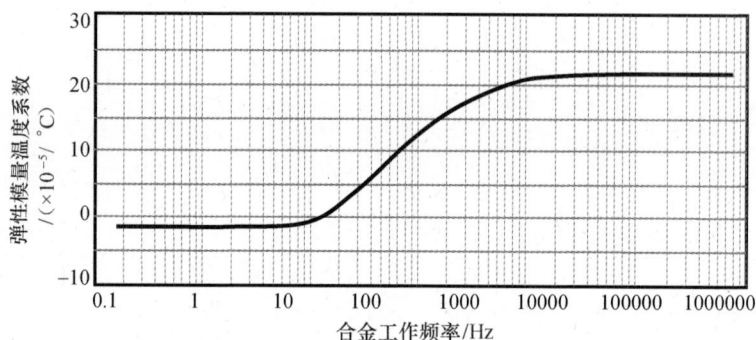

图 5-2 Ni-Span-C 合金 902 合金工作频率与弹性模量温度系数的关系

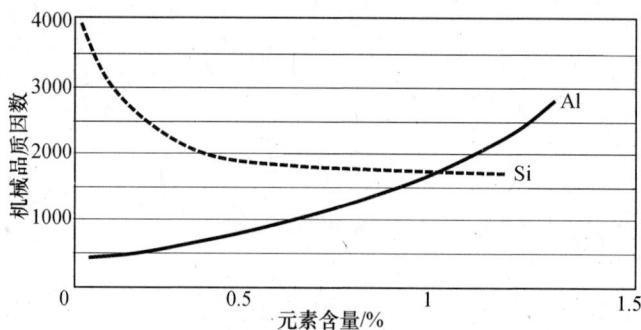

图 5-3 Ni-Span-C 合金 902 Al/Si 含量与机械品质因数的关系

上的不均一性,导致材料的机械品质较差[3]。合理地选择热处理和冷加工工艺,对于提高谐振子材料的性能至关重要,因为恒弹性合金的热处理不仅使合金强化或使弹性元件定型,更重要的是通过热处理工艺来调整各元素在基体金属与金属化合物之间的分布和控制合金的组织、结构,最终实现谐振子对频率温度系数和机械品质因数的要求。

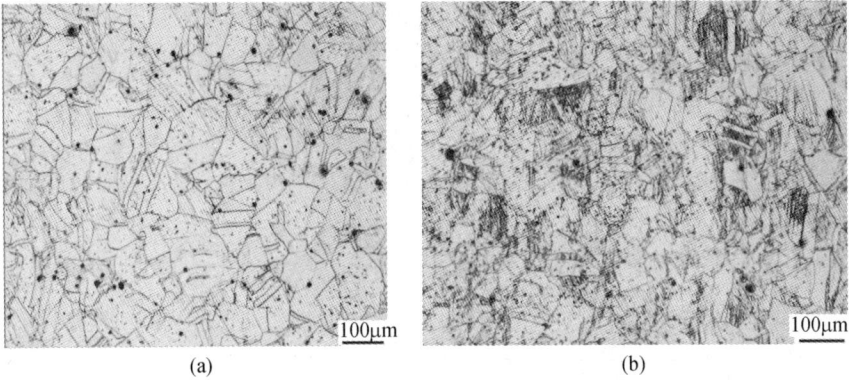

图 5 - 4　恒弹性合金 3J53 不同部位金相图

(a)棒料芯部金相图;(b)棒料边缘金相图。

恒弹性合金常用热处理工艺如下[4]:

(1)固溶处理。合金一般在 950~980℃,保温 15~40min 后,迅速水淬,可获得晶粒细小的单相奥氏体组织。如果温度太低,固溶不完全,而温度太高,晶粒长大不均匀,都将对合金的加工性和时效处理后的性能产生不良影响。在保证完全固溶的前提下,应尽量选择较低的温度处理。

(2)时效处理。固溶或冷变形后进行时效处理,使合金基体中的镍含量减少,导致铁磁性的变化,这是获得高的力学性能和良好的恒弹性性能的重要条件。时效处理过程,就是选择适当的热处理参数,控制弥散相的析出量和分布形态,以获得优良性能的过程。合金经冷轧后,会因为材料的变形引起晶格的畸变。经过时效处理后,材料内部的晶格畸变得到恢复,并且析出弥散 γ 相镶嵌在晶格点阵中,阻碍着位错的迁移,减少塑性变形,提高材料的硬度和弹性。通过观察材料金相组织中的弥散相沉淀,可以分析出材料的性能,从而得出热处理对材料性能的影响。

在时效温度范围内,随时效温度的升高强化效果增强。固溶状态时效的合金,在 700℃左右达最大强化。弹性模量(或频率)温度系数随时效温度的升高,由负值向正值变大,在 650~700℃ 达到最大正值,超过 700℃ 又开始向负值变化。

(3)老化处理。不管是静态还是动态应用的恒弹性合金,时效处理以后均应进行老化处理,其目的是使零件的使用性能有较高的时间稳定性和很小的非弹性行为。若不采取老化处理,机械滤波器振子的共振频率会随着时间的延长而增加。

(4)冷变形。冷加工变形促进强化相的析出和均匀化,因此,冷变形状态时效的合金具有更高的力学性能和更好的恒弹性性能。冷变形率越大,强化效果越显著,且时效强化的最大峰值温度比固溶状态时效的合金一般低 50 ~ 100℃。带材冷变形率一般为 30% ~ 70%,丝材为 30% ~ 75%。

冷变形状态合金的弹性模量温度系数为负值,随时效温度的升高向正值变化,超过 700℃ 以后,又开始向负值变化。用作频率元件的合金,时效处理前应经适当的冷变形,并严格控制时效温度,以获得低的频率温度系数和高的机械品质因数。

(5)回火。回火在保护气氛中进行,目的是保证元件表面光亮清洁。合金经淬火或淬火加冷变形后,在 500℃ 以上回火。由于弥散效应,合金内部析出弥散相,并使基体中的镍含量降低,可提高合金的强度和弹性,使弹性模量温度系数由负向正变化,趋向于零值,同时改变合金基体的铁磁性能。

(6)保护气氛热处理和真空热处理。在对金属进行热处理时,通常会采用一定的保护气氛或使用真空热处理。这是因为在较高的温度下,金属材料处于化学活跃状态,很容易被氧化,采用保护气氛热处理或真空热处理可以有效防止合金材料被氧化,还可以促进合金表面氧化物分解,提高热处理后合金的性能。常用的保护气有氮气、氢气、氩气、水蒸气等。

以 3J58 合金(表 5 - 3)热处理为例,3J58 属于 Fe - Ni - Cr - Ti 系沉淀强化型奥氏体不锈钢,在未经热处理前,3J58 合金的弹性模量温度系数和频率温度系数均较大。合金经过固溶处理(>950℃)后,会获得 γ' 相过饱和固溶体,其晶格类型转变为面心立方。再对其进行低温热处理,使合金内部的固溶体发生分解,沿晶界和基体析出不同类型的弥散相,使基体得到了很大程度的强化,使合金获得相当高的强度、Q 值和较小的弹性滞后,同时还将弹性模量温度系数调至零附近,使材料接近恒弹性。若合金在时效之前经过预先冷变形处理(>40%),促进了弥散相的析出与分布,则会使合金的性能更加显著地提高。

表 5 - 3　3J53、3J58 在不同状态下的力学性能

牌号	状态	E/GPa	G/GPa	泊松比	Q
3J53	固溶 + 时效	176 ~ 186	61 ~ 70	—	10000
	冷应变 + 时效	181 ~ 206	67 ~ 74	0. 30 ~ 0. 45	
3J58	冷应变 + 时效	181 ~ 206	67 ~ 74	0. 30 ~ 0. 45	10000

5.2　谐振子的制造工艺

5.2.1　基本工艺流程

当零件壁厚与内径曲率半径(或轮廓尺寸)之比小于 1∶20 时,称作薄壁零件,圆柱壳体振动陀螺谐振子属于典型的回转薄壁结构(壳体厚度 0.5 ~ 1mm)。薄壁

零件加工中的突出问题是变形,主要包括以下 3 种类型:①受力变形。在夹紧力的作用下,由于工件壁薄,零件极易发生变形,不仅工件的尺寸受到影响,也会影响其形状精度。②受热变形。同样由于工件壁薄,工件会随着切削热的增加发生变形,这就使工件的尺寸不容易控制。③振动变形。薄壁零件在切削力尤其是径向切削力作用之下,极易发生振动与变形,工件的尺寸精度和形状不仅受到影响,位置精度和表面粗糙度也将被影响。这些因素控制不好会使加工过程中出现加工变形、尺寸超差和表面质量差等问题,严重影响零件的加工精度和成品率。

对于谐振子金属结构的精密加工,主要包括谐振子壳体内外圆和底面的加工。由于谐振子薄壁结构相对刚度低,在切削力、切削热和切削振动等因素的影响下,容易产生加工变形,对谐振子的加工精度和加工效率产生较大的影响。谐振子金属结构加工变形原理,如图 5-5 所示,造成加工误差的主要原因是加工过程中薄壁变形产生加工"让刀",容易造成壁厚上厚下薄。因此,在谐振子金属结构的精密加工过程中,要重点解决加工变形问题,确定相关工艺参数,如切削速度、进给量、刀具几何参数、夹具定位方式和夹紧力等。

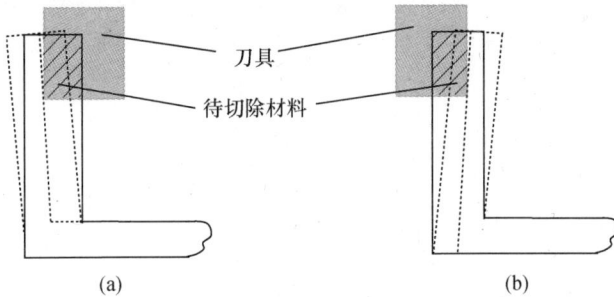

图 5-5　谐振子壳壁加工变形示意图
(a) 内圆变形;(b) 外圆变形。

谐振子金属结构的毛坯及精加工完毕后结构形状,如图 5-6 所示。对于谐振子金属结构的每一个待精加工表面,其毛坯上都留有 0.6~1mm 的精加工余量,可以保证毛坯热处理效果,又使毛坯具有较高刚度,可防止精加工初期的加工变形。

精加工的工艺流程可参考下列步骤[5]:

(1) 精车内圆工装,工装外圆公称尺寸与谐振子内圆公称尺寸相同。

(2) 精车谐振子内圆、内底面及上端面,谐振子内圆尺寸以内圆工装的外圆尺寸为基准,采用基轴制过渡配合。

(3) 将内圆工装装夹在谐振子内底面上。

(4) 精车谐振子外圆、外底面及支撑杆,车削完毕,切断支撑杆,取下零件。

精加工完毕的谐振子金属结构,如图 5-7 所示。

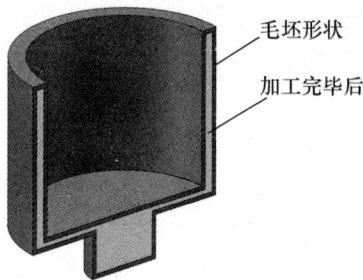

图 5-6 谐振子毛坯及精加工
完毕后结构示意图

图 5-7 加工完毕的谐振子
金属结构照片

由恒弹性合金的机械品质因数特性可知,提高材料的表面状态是提高材料机械品质因数的途径之一,因此,在谐振子金属结构的加工过程中,除了要保证零件的形状精度和位置精度外,还要尽可能保证高的零件表面加工质量。对切削加工成品谐振子进行抛光,利用柔性抛光工具和磨料颗粒或其他抛光介质对工件表面进行修饰加工,可以较好地改善谐振子的表面质量,释放谐振子表面残余应力,提高谐振子的稳定性。

5.2.2 铁镍基恒弹性合金加工方法

金属谐振子的材料常采用铁镍基恒弹性合金,系铁磁性沉淀强化型恒弹性合金。铁镍基恒弹性合金力学性能表现在固溶状态下有良好的塑性,可冷冲压形成复杂形状的弹性元件,再经过适当的时效处理可获得相当高的强度、Q 值和小的弹性滞后,因此得到了广泛的应用。固溶或经冷应变后时效处理,获得强化和良好的恒弹性性能。铁镍基恒弹性合金具有小的弹性模量温度系数(或频率温度系数)、高的机械品质因数、良好的波速一致性、较高的强度和弹性模量、较小的弹性后效和滞后、线膨胀系数低和较好的耐腐蚀性等优良性能。铁镍基恒弹性合金镍含量较高(43.0% ~43.6%),加工塑性大,加工中粘结磨损严重,可通过以下办法进行改善:

(1)控制加工硬化带来的影响。加工硬化严重是铁镍基恒弹性合金加工中最显著的特点,也是切削加工中首要解决的问题,要充分认识到加工硬化带来的危害,尽量避免和减小它所产生的影响。一种方法是要使背吃刀量和进给量都大于加工硬化层,尽量避免刀具切削刃在加工硬化层上切削,并要一直保持进给状态不变;另一种方法是工件粗加工后进行时效处理,使其塑性降低,减小加工硬化带来的影响。

82

（2）选用合适的切削用量。背吃刀量增大或进给量增大都会使切削面积增大，从而使变形力增大，摩擦力增大，随之切削力也增大。低的切削速度，较大的进给量，中等的背吃刀量，并一直保持匀速不变的进给，使刀具处于连续进给的加工状态，尽可能避免刀具切削刃在加工硬化层上切削，把加工硬化带来的影响降到最低。

（3）选择合理的刀具几何角度。前刀面承受切削力，前角对切削力影响最大。增大前角可以减小切削变形和切削力，减小切削热的产生，降低切削温度，但同时刀头导热面积的容积体积减小，又会使切削温度升高。前角每变化 1°，主切削力约改变 1.5%。前角对切削力的影响程度随切削速度的增大而减小。后刀面影响刀具的寿命和影响加工硬化，后刀面磨损快，加工硬化必然严重；后角的主要功用是减小后刀面和加工表面的摩擦，后角的角度太小，刀具切削力大，加工硬化严重。后角太大，刀具强度降低，刀具磨损也加快。

（4）合理选用切削液。切削过程中采用切削液可以降低切削力。切削过程中所消耗的功主要用在克服金属的变形和刀具、被加工材料、切屑间的摩擦上，切削液的正确使用，可以减小摩擦，使摩擦力降低。以加工钢材料为例，切削沿前刀面流出时的摩擦约消耗 35% 的功；而工件沿后刀面的摩擦约消耗 5% ~15% 的功，用切削液充分冷却刀具时，可降低 30% 以上的切削力。无论是粗加工还是精加工，都必须保证充分的冷却效果，才能使加工顺利进行。粗加工时，切削用量较大，产生大量的切削热，这时主要要求是降低切削温度，应选用冷却性能为主的切削液，如离子型切削液或 3% ~5% 乳化液。精加工时，切削液的主要作用是减小工件表面粗糙度和提高加工精度，可以选用极压切削油或 10% ~12% 极压乳化液。另外，在切削液中合理地加入使表面张力降低的添加剂，可以使切削液渗入塑性变形区中的金属微裂纹内部，降低强化系数，减少切削力，使切削过程变得容易。

（5）选用合适的刀具材料。常用的刀具材料有硬质合金、陶瓷和立方氮化硼。常用的硬质合金的硬度为 89 ~93HRA，它的硬度、耐磨性、耐热性都很高。但是，硬质合金的抗弯强度和断裂韧度较差，不能承受大的切削振动和冲击负荷。

常用的陶瓷刀具材料有两种：Al_2O_3 基陶瓷和 Si_3N_4 基陶瓷。Al_2O_3 基陶瓷刀具具有下列特点：硬度达到 91 ~95HRA，高于硬质合金。在使用良好时，有很高的刀具耐用度。有很高的耐热性、化学稳定性，较低的摩擦因数，切屑与刀具不易产生粘结，加工表面粗糙度较小。但是 Al_2O_3 基陶瓷刀具与硬质合金刀具一样，最大缺点是抗弯强度低，冲击韧度很差。

立方氮化硼是由软的六方氮化硼在高温高压下加入催化剂转变而成的。它是 20 世纪 70 年代才发展起来的新型刀具。立方氮化硼有很高的硬度和耐磨度,其显微硬度为 8000～9000HV,已接近金刚石的硬度;热稳定性高(达1400℃)、化学惰性很大,高温时不易起化学反应。立方氮化硼刀具表面摩擦因数小,可显著降低切削过程中的粘结程度,是切削铁镍恒弹性合金谐振子材料的理想刀具材料。

5.2.3 谐振子的切削

工件材料的可切削加工性主要取决于材料的力学、物理性能(如硬度、强度、塑性、韧性和热导率),同时材料的化学成分、金相组织形态及微观硬度对材料的可切削加工性也有一定的影响。

对于谐振子金属结构的精密加工工艺而言,既要保证零件的精度指标,又要保证生产成本和效率,特别是工艺路线能够适合批量化生产。圆柱壳体振动陀螺的谐振子形状为回转薄壁零件,材料为铁镍基弹性合金。谐振子的切削加工与其几何精度和材料物理性能两个方面有关。薄壁零件壁厚较薄,加工时容易变形;铁镍弹性合金含镍量高,材料塑性大,加工过程粘结现象严重,引入较大的切削力,并使刀具磨损剧烈,影响加工精度。可通过以下方法进行切削加工工艺的优化:

(1) 合理选择刀具材料、几何参数。精车薄壁工件时,刀柄的刚度要求高,刃口要锋利。可以采用横刃精车刀。车刀的前刀面、后刀面及刀尖圆弧用油石研磨。在切削加工时,使零件产生变形的力主要是径向切削力,零件在加工中所受径向切削力的大小与所用的刀具及车削用量等有直接关系。应尽可能选择主偏角大的刀具。刀具前角的大小,决定着切削变形与刀具前角的锋利程度。前角大,切削变形和摩擦力减小。切削力减小,但前角太大,会使刀具的楔角减小,刀具强度减弱,刀具散热情况差,磨损加快。增大刀具的后角,可以减小摩擦力,切削力也相应减小。但后角过大也会使刀具强度减弱。所以在刀具选择的时候应综合考虑多方面的影响因素。

(2) 合理选择切削用量。切削用量的选择也对切削力的大小有着至关重要的影响。切削力的大小与切削用量密切相关。背吃刀量和进给量同时增大,切削力也增大,变形也大,对车削薄壁零件极为不利。减少背吃刀量,增大进给量,切削力虽然有所下降,但工件表面残余面积增大,表面粗糙度大,使强度不好的薄壁零件的内应力增加,同样也会导致工件的变形。所以,粗加工时切削用量选得大些,尽可能快地把多余的量加工掉,尽量使工序间的切削最少,因为粗加工产生的切削应力可以通过对工件的热处理进行彻底的消除;工件在精加工时就要选择小的切削深度和小的进给量。如果切削功率不变,增大切削速度也能减小切削力,但切削速度提高后,摩擦热大量积聚在切削底层,使切削温度提高,故切削速度不能提得太高。

此外,还可以采用高速加工、超声振动切削技术来有效抑制切削动态振动对薄壁件加工质量的影响。和常规切削加工相比,高速切削力至少降低 30%,尤其是径向切削力的大幅度减少。同时,高速切削加工过程,95% 以上的切削过程所产生的热量将被切屑带离工件,工件积聚热量减少,工件不会由于温升导致翘曲或膨胀变形。

5.2.4　加工误差分析

薄壁零件的加工变形受多种因素影响,涉及切削参数与切削方式,刀具(如刀具材料、刚度、几何参数等)、机床(如机床刚度、加工精度等)、冷却条件、切削过程中的振动以及其他随机因素对零件变形和表面质量都有一定的影响。主要包括装夹、切削力、残余应力等几个方面。

1. 装夹的影响

装夹是加工机床与薄壁零件之间的联系环节,无论哪种加工方式,薄壁件在加工时的装夹问题都是薄壁零件加工过程中的首要条件,20% ~60% 的加工误差是由装夹引起的。其中装夹方案、夹紧点位置和夹紧力等会引起薄壁件不同程度的变形,也会造成不同的加工误差。

由于工件最终的加工精度要求较高,精加工步骤所留的加工余量相对较小,毛坯加工中所产生的误差会由于误差复映效应反映在加工完成的工件上。此外在加工过程中,夹紧力与切削力的波动效应产生耦合作用,使得加工残余应力和工件内部初始残余应力重新分布,增加工件的变形。因此,装夹工艺的改进对于控制薄壁零件的加工变形十分重要。

工件在夹紧力的作用下容易产生变形,影响工件的尺寸精度和形状精度。图5-8(a)是薄壁工件用三爪卡盘装夹切削后内表面出现三棱圆的示意图。如图5-8(b)所示,在三爪夹紧力的作用下,工件出现变形,工件与卡爪接触的部位产生弹性变形;切削得到正圆形内孔,如图5-8(c)所示,在不松开卡爪的情况下测量孔的尺寸,能达到图纸所规定的尺寸要求;但由于孔的车削是在工件已产生弹性变形的状态下车出来的,松开卡爪后,没有了三爪夹紧引起的变形,工件外圆弹性恢复成圆形,而工件内孔为三棱形。图5-9所示为谐振子内表面的三棱形圆度误差。

因此,车削薄壁工件时,尽量不使用径向夹紧,而优先采用轴向夹紧。工件靠轴向夹紧套的端面实现轴向夹紧,改变了夹紧力的方向,使夹紧力沿工件轴向分布,而工件轴向刚度大,使夹紧力作用在工件刚性较强的部位,不易产生夹紧变形。光学晶体薄壁零件在超精密加工过程中广泛采用真空吸盘、气动夹盘吸附夹紧的

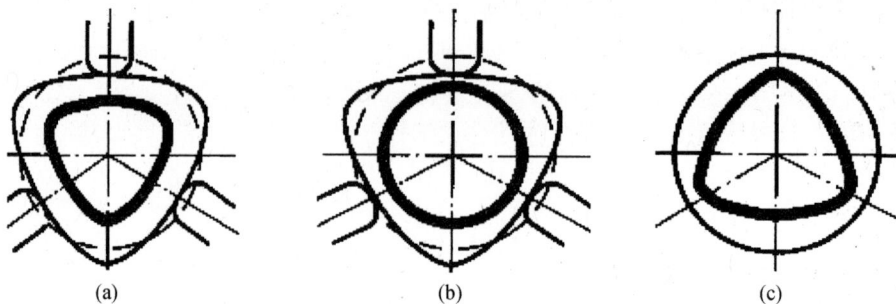

(a)   (b)   (c)

图 5-8　夹紧力对切削过程的影响

(a) 加工前；(b) 切削内孔；(c) 加工后。

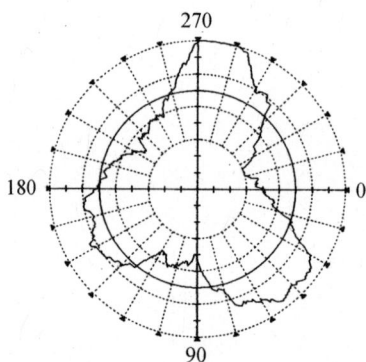

图 5-9　谐振子内表面的三棱形圆度误差

方式来实现小应力装夹，能够有效减小变形。

2. 切削力对加工的影响

切削力的产生基础是切屑变形过程，同时，切削力又直接影响切削热的产生，并进一步影响刀具的磨损、破损、刀具耐用度、卷屑与断屑以及加工表面质量等。切削热是切削过程中的重要物理现象之一。切削时所消耗的能量，除了 1%～2% 用以形成新表面和以晶格扭曲等形式形成潜藏能外，有 98%～99% 转换为热能。大量的切削热使得切削温度升高，这将直接影响加工质量。切削区域的热量被切屑、工件、刀具和周围介质传出。薄壁工件由于壁厚较小，热膨胀系数较大，使得工件在加工的过程中易受热膨胀变形，对切削用量产生影响，使加工后冷却得到的最终尺寸与设计尺寸存在一定的偏差。

由于薄壁工件刚性差，切削力一方面会引起工件的回弹变形，另一方面，当切削力较大时，超过材料的弹性极限时会引起工件的挤压变形，即塑性变形。此外，在切削加工过程中，薄壁工件在切削力的作用下还会有颤振现象的产生，波动的切削力也会以振纹的形式表现在工件的加工表面上,影响表面质量,进而影响工件性能。而且,由于薄壁零件各位置的刚度一般不同,切削时存在误差复映现象,从而使得工件加工精度很难保证。工件会在切削力的作用方向上发生变形,引起工件和刀具相对位置的改变,使得切削用量、背吃刀量等因素随之改变,从而影响工件的形状精度。

3. 残余应力的影响

残余应力是指在没有任何载荷作用的情况下,在构件内部保持平衡的应力。残余应力由两部分构成:初始残余应力和加工过程中由于切削力、切削热等的作用产生的加工残余应力。在切削加工后,由于切削刀具的后表面对已加工表面的碾压,在切削过程中会产生第三变形区的变形,切削过程的变形,如图 5 – 10 所示。变形的结果会造成工件表层的晶粒拉伸甚至纤维化,工件表层的体积会发生变化,从而在工件表面产生表面残余应力。一般来说,工件的表面残余应力是不可避免的。并且,工件的表面残余应力会随着时间推移逐渐释放,引起工件表层材料的分布,从而引起工件的变形。

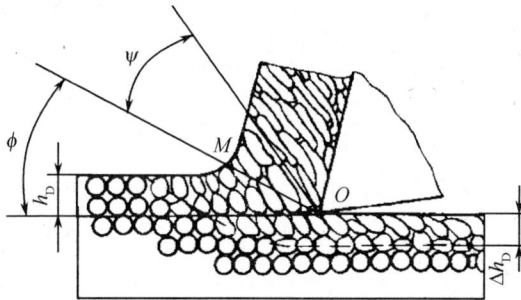

图 5 – 10 切削过程工件表面挤压变形示意图

薄壁工件的初始残余应力和毛坯材料有关,而加工残余应力是薄壁零件加工过程中产生的,对工件的变形影响较大。

谐振子表面的残余应力对陀螺性能的影响,包括两个方面:一是谐振子材料的物理性能的均匀性;二是谐振子的形状随着残余应力的释放会逐渐变化。谐振子表面的残余应力越大,则表示表层相对于里层的变形越大,即谐振子表层和里层的材料的物理性能的不均匀性越高,其后果必然是谐振子的振动稳定性降低。随着残余应力的释放,谐振子的形状和尺寸会发生改变,从而使得谐振子的性能出现不稳定,随着时间的变化而逐渐恶化。

可以采用 X 射线衍射应力仪对残余应力进行测量,采用不同刀具角度的刀片,每种刀片选用不同的进给量,观察刀具角度进给量对谐振子表面残余应力形成的影响。测量得到不同切削条件下工件表面的残余应力结果列在表 5 – 4 中。

表 5-4　不同切削条件下残余应力测量结果　　（单位:MPa）

刀片型号 \ 进给量	F70	F60	F50	F40	F30
CCGT0602-SC	-223.24	-242.91	-271.61	-308.38	-352.57
CCGT0602-FX	91.48	-34.96	-88.89	-13.46	-86.55
DCGT0702-SC	11.53	-34.25	-89.18	-166.32	-232.33
DCGT0702-FX	19.55	15.88	13.37	-52.81	-165.96
DCMT0702-SU	79.38	42.55	-22.34	-51.54	-76.90

　　要避免表面残余应力对谐振子的零偏稳定性的影响,应该尽量减小工件的表层变形,即设法降低工件表面残余应力的数值。消除工件毛坯残余应力的方法包括自然时效、振动时效、敲击时效(锤击法)、热处理时效和超声冲击等。

5.3　非理想谐振子的修调

5.3.1　非理想谐振子的频率裂解

　　谐振子的加工误差将主要体现在谐振子壳壁内外圆的圆度误差和同轴度误差上,产生振动结构的质量和刚度分布不均匀。克里莫夫等的研究表明,波动陀螺谐振子的工艺缺陷使谐振子出现两个互相呈 45°角的固有轴系[6,7]。谐振子沿这两个轴分别振动时的固有频率是不一致的,它们的频率差称作固有频率裂解。如图 5-11 所示,只要是非理想情况的圆柱壳体振动陀螺谐振子,在其工作模态都会存在频率裂解,只是工艺缺陷的不同类型及程度使频率裂解的值有所不同。

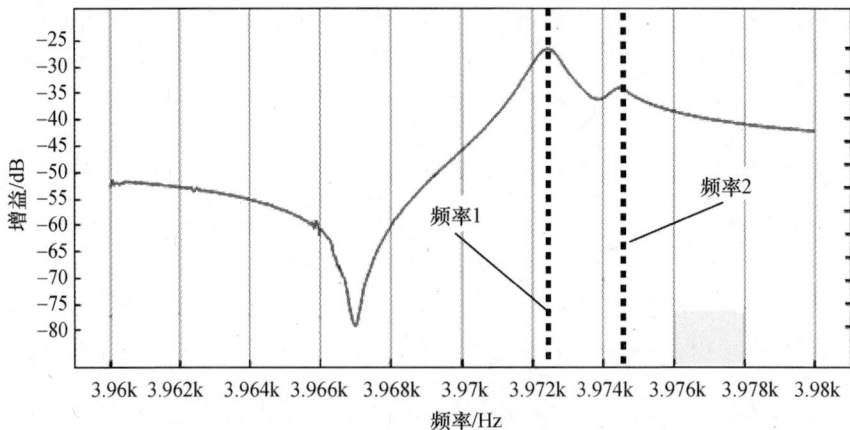

图 5-11　存在频率裂解的谐振子频率响应图

利用环形模型来建立谐振子的频率裂解理论模型,考虑到连续的质量变化都可以离散为多个点质量情况,因此采用非理想点质量模型来分析谐振子的频率裂解。如图 5 – 12 所示,当存在着任意分布的点质量的时候,谐振子的动能变化量为

$$\Delta T_s = \sum_{i=1}^{n} \frac{1}{2} m_i (\dot{u}_i^2 + \dot{v}_i^2 + \dot{w}_i^2) \tag{5-1}$$

式中:m_i 表示第 i 个点质量;u_i, v_i, w_i 分别为该点的轴向、切向与径向速度。

由于实际情况中增加的点质量较小,谐振子的振幅不受影响,但振型方位产生变化,谐振子的振动重新表示为

$$\begin{cases} u = U(x)\cos2(\theta - \varphi)\cos(\omega t) \\ v = V(x)\sin2(\theta - \varphi)\cos(\omega t) \\ w = W(x)\cos2(\theta - \varphi)\cos(\omega t) \end{cases} \tag{5-2}$$

式中:φ 为添加质量后振型的偏角。

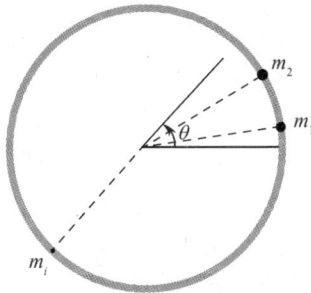

图 5 – 12　具有非理想质量点的谐振子模型

于是新形成的固有频率 ω_{sp} 为[8]

$$\omega_{sp}^2 = \frac{2S}{\rho Rh \int_0^l \int_0^{2\pi} [U(x)^2 + W(x)^2 \cos^2 2\theta \mathrm{d}x\mathrm{d}\theta + \sum_{i=1}^{n} m_i [U(X_i)^2 + W(X_i)^2]\cos^2 2(\theta_i - \varphi)}$$

$$= \omega_0^2 \left\{ 1 + \frac{\sum_{i=1}^{n} \frac{1}{2} m_i [U(X_i)^2 + W(X_i)^2]\cos^2 2(\theta_i - \varphi)}{\rho Rh \int_0^l \int_0^{2\pi} [U(x)^2 + W(x)^2]\cos^2 2\theta \mathrm{d}x\mathrm{d}\theta} \right\}^{-1} \tag{5-3}$$

式中:(X_i, θ_i) 为点质量的坐标点;l 为圆环高度;h 为圆环厚度;S 为圆环应变能。

对于式(5 – 3),在添加的质量大小、方位为已知量的情况下,φ 是唯一的不确定量,于是有

$$\frac{\partial \omega_{sp}^2}{\partial \varphi} = 0 \tag{5-4}$$

将式(5-3)代入式(5-4),得

$$\tan 2n\varphi = \frac{\displaystyle\sum_{i=1}^{n} m_i \left[U(X_i)^2 + W(X_i)^2 \right] \sin 2n\theta_i}{\displaystyle\sum_{i=1}^{n} m_i \left[U(X_i)^2 + W(X_i)^2 \right] \cos 2n\theta_i} \tag{5-5}$$

如果质量点的分布高度一致,则式(5-5)可进一步简化为

$$\tan 2n\varphi = \frac{\displaystyle\sum_{i=1}^{n} m_i \sin 2n\theta_i}{\displaystyle\sum_{i=1}^{n} m_i \cos 2n\theta_i} \tag{5-6}$$

式(5-6)中参数 φ 的两个解分别为

$$\begin{cases} \varphi_1 = \dfrac{\arctan\left\{ \dfrac{\displaystyle\sum_{i=1}^{n} m_i \left[U(X_i)^2 + W(X_i)^2 \right] \sin 2n\theta_i}{\displaystyle\sum_{i=1}^{n} m_i \left[U(X_i)^2 + W(X_i)^2 \right] \cos 2n\theta_i} \right\}}{2n} \\[4em] \varphi_2 = \dfrac{\arctan\left\{ \dfrac{\displaystyle\sum_{i=1}^{n} m_i \left[U(X_i)^2 + W(X_i)^2 \right] \sin 2n\theta_i}{\displaystyle\sum_{i=1}^{n} m_i \left[U(X_i)^2 + W(X_i)^2 \right] \cos 2n\theta_i} \right\}}{2n} + \dfrac{\pi}{2n} \end{cases} \tag{5-7}$$

即表明质量分布不均匀导致了相差45°的两个振型,较高的频率值 ω_H 与较低的频率值 ω_L 分别为

$$\begin{cases} \omega_H^2 = \omega_0^2 \left\{ 1 + \dfrac{\displaystyle\sum_{i=1}^{n} \dfrac{1}{2} m_i \left[U(X_i)^2 + W(X_i)^2 \right] \cos^2 2(\theta_i - \varphi_1)}{\rho R h \displaystyle\int_0^l \int_0^{2\pi} \left[U(x)^2 + W(x)^2 \right] \cos^2 2\theta \, dx \, d\theta} \right\}^{-1} \\[4em] \omega_L^2 = \omega_0^2 \left\{ 1 + \dfrac{\displaystyle\sum_{i=1}^{n} \dfrac{1}{2} m_i \left[U(X_i)^2 + W(X_i)^2 \right] \sin^2 2(\theta_i - \varphi_1)}{\rho R h \displaystyle\int_0^l \int_0^{2\pi} \left[U(x)^2 + W(x)^2 \right] \cos^2 2\theta \, dx \, d\theta} \right\}^{-1} \end{cases} \tag{5-8}$$

于是新形成的频率是由质量大小、方位共同决定的,并且会在相差45°的方向形成极大极小值,即频率裂解。

不难发现,谐振子质量分布不均匀的四次谐波分量是谐振子频率裂解的最主要部分。在不考虑材料密度、弹性模量分布不均匀的情况下,可以以四次谐波的误差形状建立谐振子壳壁的误差几何模型,如图 5 – 13 所示。其中,四次谐波的波幅为内外圆圆度误差,外圆圆心相对内圆圆心的偏心量 e_3 为同轴度误差。

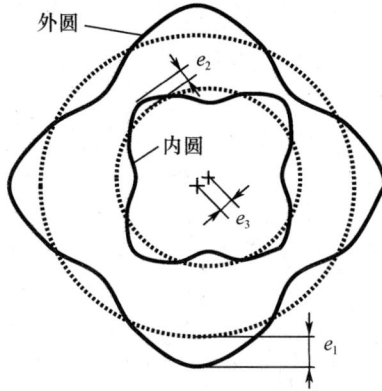

图 5 – 13 谐振子内外圆圆度误差和同轴度误差示意图

为便于指导谐振子的加工精度规划,利用有限元软件 ANSYS 建立图 5 – 13 中带有误差的谐振子有限元模型。对带加工误差的谐振子模型进行模态分析,研究加工误差对谐振子动态特性的影响。取谐振子的几何和物理参数,$R = 12.5\text{mm}$,$\rho = 8050\text{kg/m}^3$,$E = 210\text{GPa}$,$\mu = 0.3$。

在有限元模型中,建立谐振子壳壁内外圆圆度误差和同轴度误差,其他部分为理想几何尺寸的模型,经过有限元模态仿真,得到谐振子加工误差与其频率裂解之间的关系,如表 5 – 5 所列。

表 5 – 5 谐振子壳壁加工误差与频率裂解仿真结果

频率裂解 Δf/Hz		圆度误差 e_1,e_2/μm			
		1	3	5	10
同轴度误差 e_3/μm	5	0.171	0.472	1.214	2.063
	10	0.284	0.884	1.877	3.225
	15	0.638	1.224	2.452	5 471

频率裂解的存在使得圆柱壳体振动陀螺谐振子的驱动模态与检测模态的频率不一致,引起谐振子除主振型外的其他振型,带来正交误差及陀螺的漂移。因此,要获得高精度的圆柱壳体振动陀螺,应通过提高加工精度或进行质量平衡的办法来达到减小谐振子频率裂解的目的。

5.3.2　非理想谐振子的频率修调

谐振子金属结构的加工误差会使谐振子质量和刚度分布不均匀,破坏了谐振子结构的轴对称性,从而导致谐振子频率裂解的产生。振型偏移和频率裂解引起正交误差,是影响陀螺性能的主要因素,必须得到消除或减小,即实现陀螺的动态平衡。制造高性能的壳体振动陀螺,谐振子的频率裂解最终要求在0.01Hz以下。实现陀螺平衡最常见最有效的办法是谐振子的机械平衡,该工艺能矫正谐振子的振型偏角并消除频率裂解,是提高陀螺性能的关键工艺。

谐振子的机械平衡包括谐振子的静平衡和动平衡。静平衡是谐振子机械平衡的基础,目标为谐振子质量中心与其回转轴线重合,消除质量偏心,静平衡通常会产生额外的频率裂解。动平衡是谐振子机械平衡的关键,目标是保证谐振子的频率裂解和振型偏角在一定精度范围内。谐振子动平衡在静平衡之后进行,且动平衡过程不应破坏静平衡,因此,谐振子动平衡的修调应满足原点中心对称条件。传统的陀螺谐振子机械平衡调节方法是通过在谐振环上开齿形槽并修调,以去除材料的方式改变谐振子的惯性质量和刚度,实现调节谐振子的静平衡和动平衡。

考虑质量变化与刚度变化都可以影响谐振子的谐振频率,所以谐振子的频率裂解修调既可以通过调整质量的方式,又可以通过调整刚度的方式实现。

1. 质量式频率裂解修调

质量式频率裂解修调是指通过改变谐振子的局部质量以实现谐振子的平衡,消除频率裂解。改变质量的方式通常通过在谐振子上去除材料进行。

根据实际修调的可操作性,本节例举出两种主要的材料去除方式:一种方式为在谐振子上加工出小孔移除质量,另一种方式为在谐振子上加工出凹槽,如图5 - 14所示。对比两种修调方式,可以发现其差别在于孔加工只在中间面附近进行了修调,保留了谐振环的结构连续性;而槽加工局部破坏了谐振环的结构连续性。

通过有限元模态仿真分析可以发现,谐振子在孔加工修调处形成高频轴,在槽加工修调处形成低频轴。根据谐振子固有频率的基本公式:

$$\omega = \sqrt{\frac{K^*}{m^*}} \tag{5-9}$$

可以发现,形成模态高频轴的条件是等效质量 m^* 降低,而形成模态低频轴的条件是等效刚度 K^* 降低,于是推测孔修调实现的是质量式频率裂解修调,而槽实现的是刚度式频率裂解修调。

由上一节,在质量不平衡情况下产生的频率裂解为

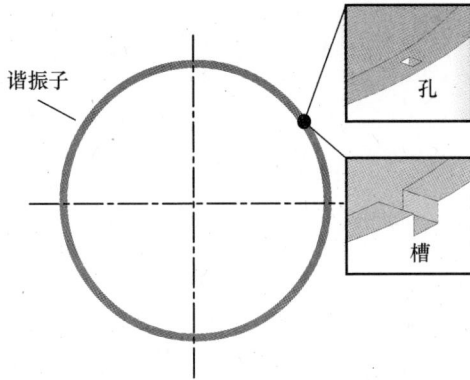

图 5 - 14 不同修调方式的谐振子

$$\omega_{\mathrm{H}}^2 = \omega_0^2 \left\{ 1 + \frac{\sum\limits_{i=1}^{n} \frac{1}{2} m_i [U(X_i)^2 + W(X_i)^2] \cos^2 2(\theta_i - \varphi_1)}{\rho R h \int_0^l \int_0^{2\pi} [U(x)^2 + W(x)^2] \cos^2 2\theta \mathrm{d}x \mathrm{d}\theta} \right\}^{-1}$$

$$\omega_{\mathrm{L}}^2 = \omega_0^2 \left\{ 1 + \frac{\sum\limits_{i=1}^{n} \frac{1}{2} m_i [U(X_i)^2 + W(X_i)^2] \sin^2 2(\theta_i - \varphi_1)}{\rho R h \int_0^l \int_0^{2\pi} [U(x)^2 + W(x)^2] \cos^2 2\theta \mathrm{d}x \mathrm{d}\theta} \right\}^{-1} \quad (5 - 10)$$

式中:(X_i, θ_i) 为不平衡点质量的坐标点。

而质量平衡的目的是通过在特定的位置移除点质量,实现 $\omega_{\mathrm{H}} = \omega_{\mathrm{L}}$,即要实现:

$$\sum_{i=1}^{n} \frac{1}{2} m_i [U(X_i)^2 + W(X_i)^2] \cos^2 2(\theta_i - \varphi_1)$$

$$- \sum_{j=1}^{n_2} \frac{1}{2} m_j [U(X_j)^2 + W(X_j)^2] \cos^2 2(\theta_j - \varphi_1)$$

$$= \sum_{i=1}^{n} \frac{1}{2} m_i [U(X_i)^2 + W(X_i)^2] \sin^2 2(\theta_i - \varphi_1) \quad (5 - 11)$$

$$- \sum_{j=1}^{n_2} \frac{1}{2} m_j [U(X_j)^2 + W(X_j)^2] \sin^2 2(\theta_j - \varphi_1)$$

式中:m_j 为移除的第 j 个点质量;$U(x_j)$,$W(x_j)$ 为该点的轴向与径向振幅。

式(5 - 11)的意义在于,可以在谐振子的选定位置通过去除不同质量的材料实现频率裂解的去除,这也说明了谐振子质量平衡的灵活性。如果选择在低频轴上直接移除质量($\theta = 0°, 90°, 180°, 270°$方向均匀去除),则去除点质量的大小 m 可以进一步简化为

$$m = \frac{\sum_{i=1}^{n} \frac{1}{2} m_i \left[U(X_i)^2 + W(X_i)^2 \right] \cos^2 2(\theta_i - \varphi_1) - \sum_{i=1}^{n} \frac{1}{2} m_i \left[U(X_i)^2 + W(X_i)^2 \right] \sin^2 2(\theta_i - \varphi_1)}{2(U_0^2 + W_0^2)}$$

$$(5-12)$$

根据式(5-12)进行谐振子的频率修调试验,其过程和结果,如图5-15所示。

在修调试验中,先辨识出谐振子的刚性轴方位,然后在低频轴处加工小孔去除质量。图5-15(a)和(b)分别为在激励电极和检测电极检测到的频率响应信号,可以看出,对于非理想的谐振子,能够在不同的频率上分别检测到模态振动,它们的频率之差即为频率裂解。谐振子具有初始频率裂解4.95Hz,伴随着去除质量的不断增加,可以发现谐振子的低频轴的固有频率不断上升,直至与高频轴的固有频率一致,这是由等效振动质量的减小而导致。经过修调,谐振子的频率裂解减小到0.1Hz以内,基本达到使用要求。

2. 刚度式频率裂解修调

刚度式的频率裂解修调通过在谐振环上加工出凹槽,改变谐振子的局部刚度,进而实现对谐振频率的调整。首先分析谐振环上的凹槽对谐振子局部刚度的影响,取尺寸材料参数为表5-6、表5-7中的参数,然后在谐振环上刻出1mm×1mm×1mm体积的凹槽,利用有限元分析可以得到修调位置相对于非修调位置的刚度减小量(总刚度为4.5×10^6Pa),结果如图5-16所示。当谐振环上刻有1个凹槽时,刚度沿着刻槽的方向明显降低,如图5-16(a)所示,其刚度在刻槽处下降8800Pa,约占总刚度的2%;当谐振环上刻4个凹槽时,其刚度分布呈现出四瓣式,如图5-16(b)所示,谐振子刚度在刻槽处下降了约4.5%。这表明谐振子经历了修调后,其局部刚度会明显降低,并且刚度分布与修调槽位置密切相关。而刚度是影响谐振子谐振频率的重要因数,因此凹槽结构容易实现较大的频率裂解修调。

表5-6　谐振子的几何尺寸参数

几何参数	数值
谐振子半径/mm	12.5
谐振环的厚度及高度/mm	1,8
底部厚度/mm	0.3

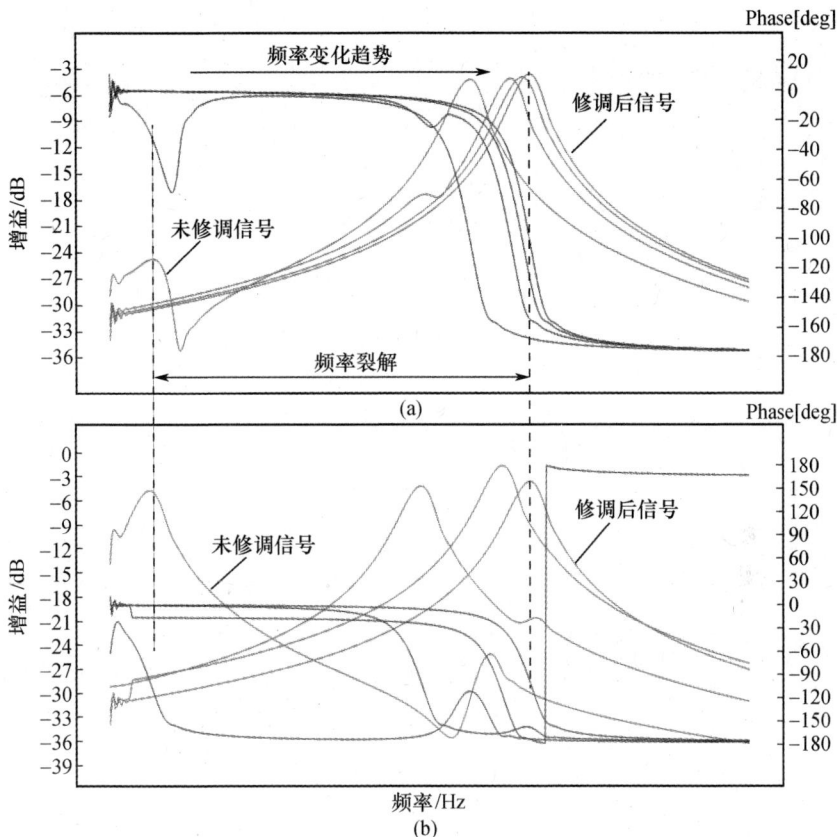

图 5-15 质量式频率裂解修调

(a) 驱动模态频率响应信号; (b) 检测模态频率响应信号。

表 5-7 谐振子的材料参数

材料参数	数值	材料参数	数值
杨氏模量 E/GPa	210	热膨胀系数 γ/℃$^{-1}$	8.5×10^{-6}
合金密度 ρ/(kg/m³)	7800	热传导率 κ/(W/(m·K))	60
泊松比 μ	0.3	热分布典型尺寸 Ψ/m	1×10^{-6}
空气密度 ρ_g/(kg/m³)	1	单位体积比热容 c/(J/(m³·K))	3.6×10^6
表面损伤层厚度 h_{dam}/μm	1	环境温度 Γ/K	293

作为一个对比,这里同时对质量式修调造成的刚度变化进行分析。在谐振环中线附近去除质量,采用图 5-16 中孔式修调方式,当孔直径为 0.75mm,深度为

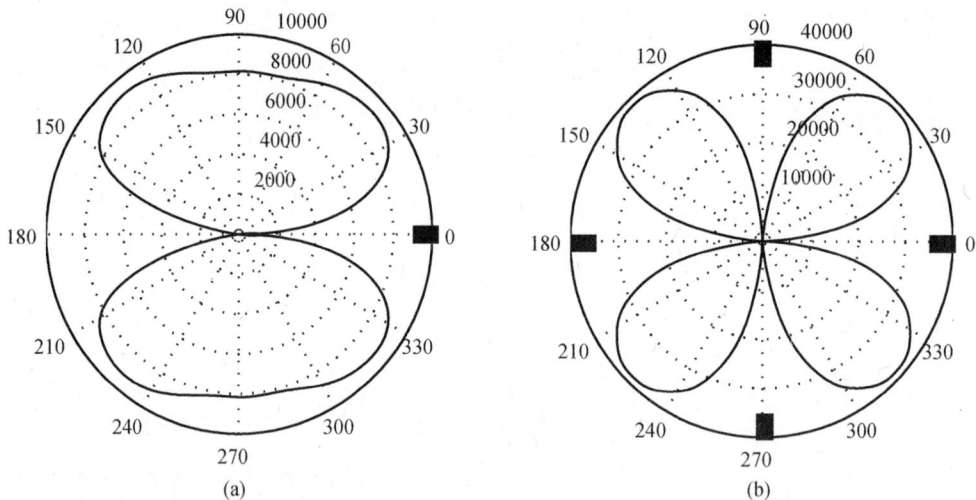

图 5-16 修调导致的刚度变化

(a) 单槽加工下谐振子的刚度分布；(b) 四槽加工下谐振子的刚度分布。

1mm 时,能够消除的频率裂解为 5Hz,造成的刚度变化仅为 0.18%。如果要消除同样大小的频率裂解,采用刚度式修调时,修调槽引起的刚度变化将达到 2%,这也说明质量式修调引起的环向刚度变化远小于刚度式修调。

对于刚度式修调,这里仍然假设频率裂解由质量分布不均引起,由 5.3.1 节理论可知,非均匀质量导致的振型偏转角为

$$
\left\{
\begin{aligned}
\varphi_1 &= \frac{\arctan\left\{\dfrac{\sum\limits_{i=1}^{n} m_i\left[\,U(X_i)^2 + W(X_i)^2\,\right]\sin 2n\theta_i}{\sum\limits_{i=1}^{n} m_i\left[\,U(X_i)^2 + W(X_i)^2\,\right]\cos 2n\theta_i}\right\}}{2n} \\
\varphi_2 &= \frac{\arctan\left\{\dfrac{\sum\limits_{i=1}^{n} m_i\left[\,U(X_i)^2 + W(X_i)^2\,\right]\sin 2n\theta_i}{\sum\limits_{i=1}^{n} m_i\left[\,U(X_i)^2 + W(X_i)^2\,\right]\cos 2n\theta_i}\right\}}{2n} + \frac{\pi}{2n}
\end{aligned}
\right.
\tag{5-13}
$$

谐振子的振型为

$$
\left\{
\begin{aligned}
u &= U(x)\cos 2(\theta - \varphi)\cos(\omega t) \\
v &= V(x)\sin 2(\theta - \varphi)\cos(\omega t) \\
w &= W(x)\cos 2(\theta - \varphi)\cos(\omega t)
\end{aligned}
\right.
\tag{5-14}
$$

96

根据刚度式频率裂解修调的原理,在频率较高的模态轴上挖出凹槽,消除频率裂解。非理想质量使谐振子增加的动能为

$$\Delta T_s = \sum_{i=1}^{n} \frac{1}{2} m_i (\dot{u}_i^2 + \dot{v}_i^2 + \dot{w}_i^2) \qquad (5-15)$$

开槽修调使谐振子减少的动能为

$$\Delta T_b = \sum_{i=1}^{n} \frac{1}{2} \Phi_i l_i \rho R h_r (\dot{u}_i^2 + \dot{v}_i^2 + \dot{w}_i^2) \qquad (5-16)$$

假设采用四点修调法,开槽角宽度为 Φ_i,开槽深度为 l_i,则谐振子弹性势能的减小量为

$$\Delta S = \sum_{i=1}^{n} \frac{D_r}{2R} \int_{\varphi - \Phi_{i/2}}^{\varphi + \Phi_{i/2}} \int_{l-l_i}^{l} \left[R^2 \left(\frac{\partial^2 w}{\partial x^2} \right)^2 + \frac{1}{R^2} \left(\frac{\partial^2 w}{\partial \theta^2} \right)^2 + \frac{w^2}{R^2} + \frac{2w}{R^2} \frac{\partial^2 w}{\partial \theta^2} + 2\mu \frac{\partial^2 w}{\partial x^2} \frac{\partial^2 w}{\partial \theta^2} \right.$$

$$\left. + 2(1-\mu) \left(\frac{\partial^2 w}{\partial x \partial \theta} \right)^2 + \frac{(1-\mu)}{2R^3} \left(\frac{\partial u}{\partial \theta} \right)^2 - \frac{(1-\mu)}{R} \frac{\partial u}{\partial \theta} \frac{\partial^2 w}{\partial x \partial \theta} \right] \mathrm{d}x \mathrm{d}\theta \quad (5-17)$$

于是修调后谐振子的谐振频率为

$$\omega_{sp}^2 = \frac{S - \Delta S}{\overline{T} + \Delta \overline{T}_s - \Delta \overline{T}_b}$$

$$= \left(\omega_0^2 - \frac{\Delta S}{\overline{T}} \right) \left(1 - \frac{\Delta \overline{T}_b - \Delta \overline{T}}{\overline{T}} \right)^{-1} \qquad (5-18)$$

式中

$$\overline{T} = \frac{\rho R h}{2} \int_0^l \int_0^{2\pi} \left[U(x)^2 + W(x)^2 \right] \cos^2\theta \mathrm{d}x \mathrm{d}\theta + \frac{\rho h_b}{2} \int_0^{2\pi} \int_{r_0}^{R} U_b(r)^2 \cos^2\theta r \mathrm{d}r \mathrm{d}\theta$$

$$\Delta \overline{T}_b = \sum_{i=1}^{n} \frac{1}{2} \Phi_i l_i \rho R h_r \left[U(X_i)^2 + W(X_i)^2 \right] \cos^2 2(\theta_i - \varphi)$$

$$\Delta \overline{T} = \sum_{i=1}^{n} \frac{1}{2} m_i \left[U(X_i)^2 + W(X_i)^2 \right] \cos^2 2(\theta_i - \varphi) \qquad (5-19)$$

刚度修调后达到消除频率裂解的目的,即要求

$$\omega_{sp}(\varphi = \varphi_1) = \omega_{sp}(\varphi = \varphi_2) \qquad (5-20)$$

于是对于固定的 Φ_i 可以求出 l_i,即如果确定了修调槽的宽度,可以通过改变修调槽的高度消除频率裂解;反之亦然。

图 5-17 所示为一个刚度修调的试验过程,可以看到刚度式修调过程使谐振子的总体频率不断下降,但高频率轴的刚度和频率下降更快,最终能够实现驱动和检测模态的频率匹配。

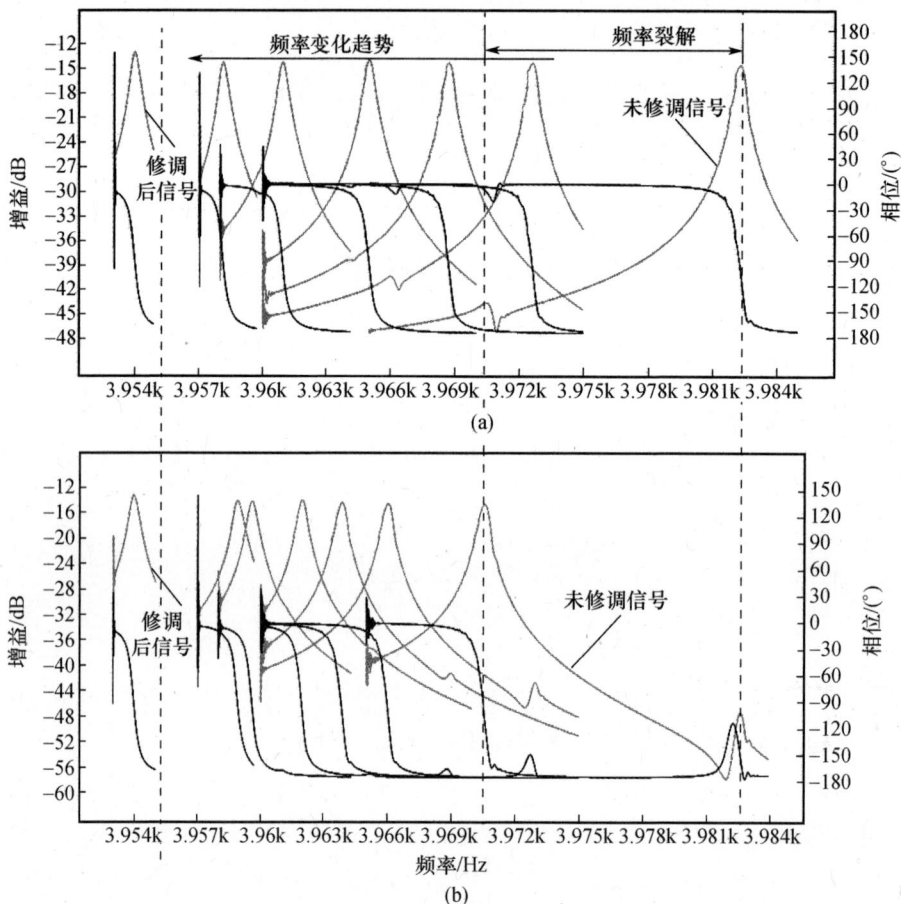

图 5-17 刚度式频率裂解修调

（a）驱动模态频率响应信号；（b）检测模态频率响应信号。

5.3.3 非理想谐振子的振型修调

当驱动频率与谐振子的固有模态频率相接近时,谐振子的振幅 A_1 会因谐振效应而放大:

$$A_1 = \frac{1}{\sqrt{(1 - \gamma_1^2)^2 + 4\xi^2\gamma_1^2}}A(\delta) \qquad (5-21)$$

式中: $\gamma_1 = \omega/\omega_1$, ω 为驱动频率, ω_1 为驱动模态的固有频率。

由于频率裂解的存在,检测模态也会被相应地激发,其振幅 A_2 可以表示为

$$A_2 = \frac{1}{\sqrt{(1 - \gamma_2^2)^2 + 4\xi^2 \gamma_2^2}} A(\delta + 45°) \tag{5-22}$$

式中：$\gamma_2 = \omega/\omega_2$，$\omega_2$ 为检测模态的固有频率。

假设激励振动是余弦形式，则谐振子中形成的两列驻波为

$$v_1(\theta, t) = A_1 \cos 2(\theta - \delta) \cos(\omega_1 t + \phi_1)$$

$$v_2(\theta, t) = A_2 \sin 2(\theta - \delta) \cos(\omega_1 t + \phi_2) \tag{5-23}$$

式中：ϕ_1 与 ϕ_2 是相应的相位角：

$$\phi_1 = \arctan \frac{2\xi\gamma_1}{1 - \gamma_1^2}, \phi_2 = \arctan \frac{2\xi\gamma_2}{1 - \gamma_2^2} \tag{5-24}$$

事实上，这两列驻波将合成新的驻波。这样，当谐振子激振在驱动模态的固有频率 ω_1 时，有

$$v(\theta, t) = A_1 \cos 2(\theta - \delta) \cos(\omega_1 t + \phi_1) + A_2 \sin 2(\theta - \delta) \cos(\omega_1 t + \phi_2)$$

$$= \sqrt{A_1^2 + A_2^2 + 2A_1 A_2 \sin(\phi_2 - \phi_1)} \cos 2(\theta - \delta - \Theta) \cos(\omega_1 t + \phi_1)$$

$$+ A_2 \sin(\phi_2 - \phi_1) \cos[\omega_1 t + 2(\theta - \delta) + \phi_1] \tag{5-25}$$

式中：$\Theta = 45° - \dfrac{1}{2} \arctan \dfrac{A_1 + A_2 \sin(\phi_2 - \phi_1)}{A_2 \cos(\phi_2 - \phi_1)}$。

式(5-25)中的第一项代表合成驻波的振幅由两列驻波分量共同决定，其中 $\delta + \Theta$ 项代表了合成驻波的方位，其与该驻波方位与激励频率相关，即不稳定的激励频率会导致驻波方位的不稳定。第二项表示由检测轴驻波分量决定的行波成分，这种行波分量反映了谐振子的频率不匹配程度。

可见，谐振子的振型偏转角主要由质量不平衡而产生。振型的修调需要使驻波的波腹轴与驱动电极的方向严格一致，以减小检测信号误差。因此，针对振型偏角的调整通过质量调整而实现。

由于相位角 $\phi_2 - \phi_1$ 由频率裂解决定，于是需要对频率裂解进行调整来影响振型。

假设谐振子在与驱动成 22.5° 的方向具有 10Hz 频率裂解，其相应的振型偏角也为 22.5°，于是通过减小谐振子的谐振频率来实现对振型的修调，结果如图 5-18 所示。可以看出，随着频率裂解的减小，谐振子的振型偏转逐渐减小，当频率裂解降低到 0.3Hz 以内，谐振子的振型与驱动轴能够完全重合。注意到此时频率裂解与振型角的关系与理想情况会有所差别，这是因为随着质量不平衡程度

的减小,驱动力所起的作用越来越大,能够通过主动作用力使振型方位与驱动位置一致。因此,为了调整振型偏角至理想位置,需要使谐振子具有较小的频率裂解。

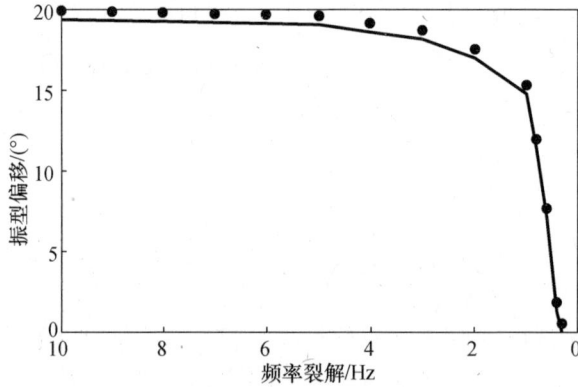

图 5-18　通过消除频率裂解修调振型

5.4　圆柱壳体振动陀螺的装配

陀螺的表头包括谐振子及其引线封装结构。圆柱壳体金属结构是谐振子的高精度振动单元,需要通过机械加工得到。压电电极是谐振子的驱动和检测单元,通过粘接工艺固定在杯形金属结构底面。加工完毕的谐振子需固定在特定的安装底座并引线至引线电路板。由于谐振子的精密加工工艺和压电电极粘接工艺过程都无可避免地存在制造误差,需要对其进行机械平衡,为防止谐振子工作时受外界气流等扰动影响,还需要对谐振子进行密封封装。

总结圆柱壳体振动陀螺表头的制造和装配工艺流程,包括以下几个步骤:

(1) 圆柱壳体金属结构的精密加工;

(2) 压电电极的粘接与引线;

(3) 谐振子、引线电路板与安装基座的装配;

(4) 谐振子的机械平衡;

(5) 陀螺表头的封装。

其中压电电极是陀螺中的驱动和传感元件,是精密装配的关键。选择压电系数较高的成型 PZT-5 压电应变片作为圆柱壳体振动陀螺驱动和检测的压电电极,目前,压电应变片与致动器或传感器的连接上最为常见的方法为胶粘,并且通过胶粘使压电电极与金属弹性体连接在一起的工艺已经在超声电动机的研制领域得到了成功应用。谐振子压电电极的粘胶工艺要确保压电电极的定位精度和各粘接胶层厚度均匀且无缺陷。

由于谐振子金属结构外底面没有用于压电电极胶粘的定位基准面,直接将压电电极胶粘至金属结构外底面会带来较大的定位误差。可设计如图 5 – 19 所示的胶粘定位夹具进行装配,该定位基座包括压电电极定位槽和预紧弹簧,压电电极定位槽的深度小于压电电极的厚度,通过夹具的精度确保了压电电极在金属结构上的定位精度。

谐振子压电电极胶粘方案由以下工艺步骤组成:

(1)8 片压电电极旋涂胶黏剂,处理压电电极边缘余胶。

(2)将涂胶后的压电电极分别放置在定位基座的定位槽内,涂胶面朝上。

(3)将施力卡环放置在谐振子金属结构的内底面。

(4)将谐振子金属结构通过支撑杆插入定位基座的中心孔,将定位销依次插入施力板、谐振子金属结构和定位基座的定位孔,然后将谐振子金属结构轻放在 8 片压电电极的涂胶面上。

(5)将螺钉插入谐振子金属结构和定位基座的中心孔,螺钉末端的螺母通过弹簧给施力板施加预压力,即产生谐振子金属结构与压电电极之间的压力,施力卡环确保了各压电电极受力均匀。

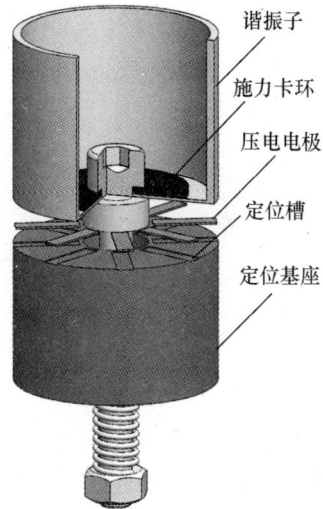

图 5 – 19 胶粘定位夹具

(6)将预压后的谐振子及胶粘夹具放入温控箱,在设定的温度和时间完成粘接胶层的烘干。

参 考 文 献

[1] 陈复民,李国俊,苏德达. 弹性合金[M]. 上海:上海科学技术出版社,1986.

[2] www.specialmetals.com.

[3] 王子丹. 圆柱壳体振动陀螺谐振子的非均匀性及微变形分析[D]. 长沙:国防科学技术大学,2016.

[4] 中国机械工程学会热处理学会. 热处理手册[M]. 北京:机械工业出版社,2008.

[5] 陶溢. 杯形波动陀螺关键技术研究[D]. 长沙：国防科学技术大学, 2011.

[6] Fox C H J. A Simple Theory for the Analysis and Correction of Frequency Splitting in Slightly Imperfect Rings [J]. Journal of Sound and Vibration, 1990,142(2): 227 –243.

[7] Choi S Y, Kim J H. Natural frequency split estimation for inextensional vibration of imperfect hemispherical shell[J]. Journal of Sound and Vibration, 2011,330(9): 2094 –2106.

[8] 席翔. 杯形波动陀螺零偏漂移机理及其抑制技术研究[D]. 长沙：国防科学技术大学, 2014.

第6章 圆柱壳体振动陀螺谐振子的参数测试方法

谐振子的性能是陀螺仪整体性能的决定性因素,在测试谐振子的性能参数时,应重点关注的谐振子性能参数主要有谐振子的机械品质因数、频率裂解及刚性轴位置。

谐振子的机械品质因数,又称 Q 值,是指在一个振动周期内,振动系统储存的总能量与其损失的能量之比。在谐振子工作时,品质因数越高,表明能量损耗越小。提高谐振子的品质因数有助于减小圆柱壳体振动陀螺输出误差,降低能耗,提高灵敏度。较高的 Q 值可以使谐振子获得较高的灵敏度,Q 值越均匀的谐振子振动也越稳定。为了提高谐振子的综合性能,需要通过合理的选材及设计适当的加工及热处理工艺,以获得较高的谐振子 Q 值。

频率裂解是指谐振子驱动模态与检测模态之间的频率差[1, 2]。理想的谐振子不存在频率裂解,此时向谐振子施加激励时,仅会激励出谐振子的驱动模态振形,不存在其他形式振动的干扰。但实际加工过程中,由于加工误差、材料性能等诸多原因,所得到的谐振子会出现互成 $45°$ 夹角的固有刚性轴,谐振子沿这两个轴向的固有频率不相等,使陀螺出现正交误差,引起陀螺漂移。

6.1 谐振子的频率特性测试方法

谐振频率是谐振子工作和测试的重要参数,当驱动信号与谐振子的谐振频率相同时,能够激励谐振子的驱动模态,实现对谐振子的振动测量。谐振子的材料为铁基合金,可以利用电磁铁对谐振子施加交变作用力,以激励谐振子进入驱动模态振动。电磁铁对于谐振子吸引力的大小取决于作用距离及驱动电压,通过向电磁铁施加交变的激励电流,从而实现向谐振子施加交变吸引力,对谐振子进行非接触式激振[3]。

图 6-1 为电磁驱动试验系统示意图。通过夹具将谐振子与转台相连,谐振子可随转台转动。驱动用电磁铁通过支承机构固定于转台上,不随转台转动。利用该试验装置,通过控制转台转动,可以在谐振子的周向改变谐振子与驱动电磁铁的相对位置,以实现利用电磁铁在谐振子周向不同位置施加驱动力的功能。

图 6-2 为谐振子声波检测试验装置示意图。利用麦克风的信号检测装置可以通

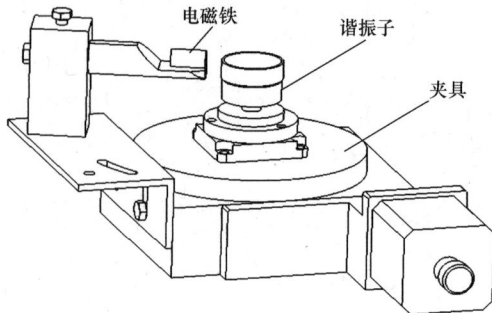

图 6-1　电磁驱动试验系统示意图

过转台实现微麦克风检测位置在谐振子周向的运动、可调节麦克风与谐振子壳壁之间的距离、可在谐振子不动的情况下实现微麦克风位置的小幅度周向调整。

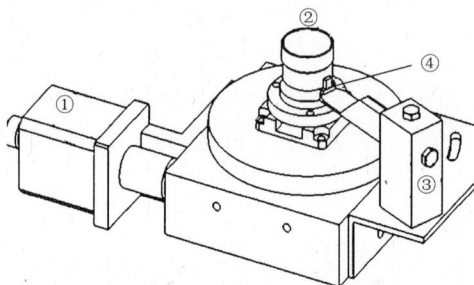

图 6-2　谐振子声波检测试验装置示意图

1—电动机转台；2—待测谐振子；3—微麦克风位置调整机构；4—检测微麦克风。

以未粘贴压电电极的谐振子作为测试对象,将谐振子固定于转台上,以实现在不同位置的驱动和检测。任选一驱动位置,利用频率响应分析仪对谐振子施加激励并采集微麦克风所检测到的信号,得到谐振子的增益频率曲线及相位频率曲线,若驱动位置不是刚性振动轴位置,则增益的频率响应曲线应包含两个峰值(图 6-3),峰值所对应的频率即谐振子不同刚性轴方向的谐振频率。

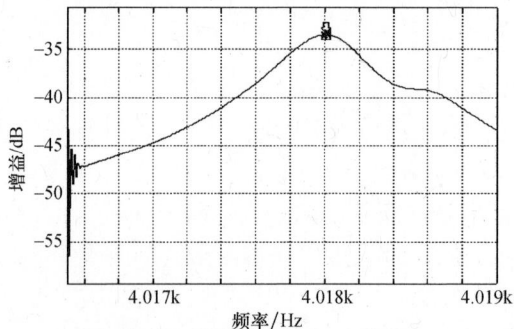

图 6-3　非刚性轴位置的扫频结果

104

由图 6 - 3 可以看出,其增益频率曲线具有两个峰值点,频率分别为 4018.10Hz 与 4018.53Hz,对应谐振子两个刚性轴的谐振频率。

6.2　谐振子的品质因数测试方法

机械品质因数反映的是谐振子在谐振过程中所储存的能量与其一个周期内损耗能量的比值,实际测量可采用 −3dB 法进行计算:

$$Q = \frac{f^*}{\Delta f} \qquad (6-1)$$

式中:f^* 为谐振子的谐振频率;Δf 为谐振子的 −3dB 带宽,指由谐振子的谐振频率为基准,增益为 −3dB 的两频率之差。

图 6-4 所示为第一刚性轴驱动,波腹位置的扫频曲线。

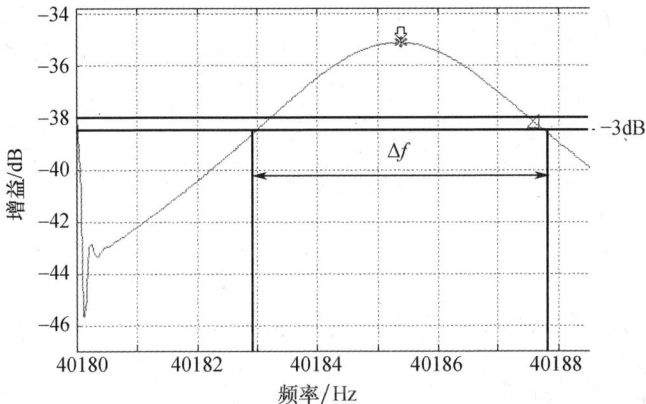

图 6-4　第一刚性轴驱动,波腹位置的扫频曲线

在频率响应分析仪所记录的数据中筛选出计算 Q 值所需要的数据。由所得到的扫频结果可知,其中心频率为 4018.54Hz,−3dB 带宽为 440.9mHz,将数据带入式(6-1)Q 值为 9133.05。

图 6-5 所示为第二刚性轴驱动,波腹位置的扫频曲线。

根据在该刚性轴位置扫频所得到的结果,中心频率为 4018.42Hz,−3dB 带宽为 472.5mHz,测得 Q 值为 8513.58。

为了对比在不同驱动方式下 Q 值的测试结果,在粘贴压电电极后,对两刚性轴位置进行压电驱动检测下的扫频及数据记录,所测试得到的 Q 值进行对比。测量得到第一刚性轴位置和第二刚性轴位置的 Q 值分别为 8930.47 与 8201.22。

可以发现,在粘贴压电电极之后不同刚性轴位置的 Q 值均出现了一定程度的

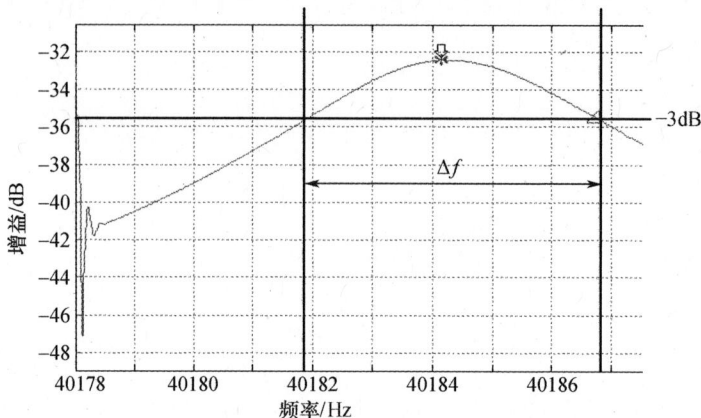

图 6-5　第二刚性轴驱动,波腹位置的扫频曲线

减小,这主要是由于粘贴压电电极之后,压电电极及胶黏剂增大了谐振子振动过程中的内耗,影响了谐振子的 Q 值。而两个刚性轴之间的 Q 值差异则是由加工过程中所产生的加工误差及谐振子本身材料性质的不均匀性引起的。

6.3　谐振子的振型测试方法

1. 直接测量法

理想谐振子的第四、五阶模态频率是一致的,振型也出现在相应的激励方位。但对于非理想谐振子,由于各方向刚度、质量不一致,谐振子不但存在频率裂解,而且相应的振型也不一定在压电电极的驱动方向上。

可以通过试验方法直接观察谐振子在工作频率附近的振动情况。振动测量设备采用扫描式激光测振仪,测振仪由扫描式光学头、控制器、连接箱和数据管理系统等组成,可通过在目标视频图像上定义任意测量区域和测量点,并由数据管理系统控制自动完成扫描测量。

振幅测试系统示意图如图 6-6 所示,测试件为 $\phi25mm$ 圆柱壳体振动陀螺谐振子样机。预先通过频率响应分析仪测得谐振子的第四阶模态频率为 4440Hz,第五阶模态频率为 4441.5Hz。在相应的频率之下对谐振子的一组压电电极施加 5V 的简谐激励,使谐振子发生谐振。

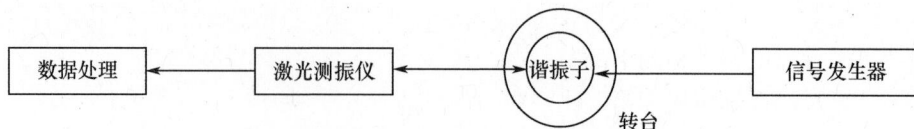

图 6-6　振幅测量系统示意图

106

激光测振仪每一次可测量谐振环同一条母线上的若干点,通过转动角度转台测谐振环圆周上各点径向振幅。在谐振环上同一母线上等间隔测量 3 个点,转动转台,每隔 5° 测量一组振幅大小,分别得到其在第四阶振型与第五阶振型下振幅分布极坐标表示,如图 6 - 7 所示。图 6 - 7(a)为在 4440Hz 激励下的第四阶振型,图 6 - 7(b)为在 4441.5Hz 下的第五阶振型,图中由内到外依次为母线上由低至高的测试点。

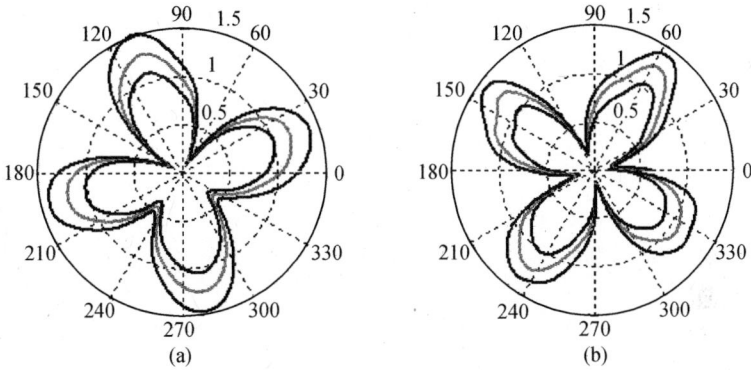

图 6 - 7　实测谐振子振型

(a) 第四阶模态振型;(b) 第五阶模态振型。

图 6 - 7 测试结果表明,在压电电极的激励作用下,谐振子的振动情况较为理想。谐振子分别在第四阶模态频率与第五阶模态频率出现相应的振型,两振型之间相差 45°,谐振子振幅大小近似正弦变化。圆柱壳体振动陀螺谐振子的最大振幅约为 1.5μm,最小振幅在节点所在位置。

激励压电电极位置在 0° 方向,其理论振型应如图 6 - 8 所示。对比两图,可发现实测振型与理论振型在形状上较为一致,但振型方向不同。理论上,激励与振型方向一致,而实际上激励与振型方向有偏角,这是因为谐振子的谐振方向是沿其两相差 45° 的刚性轴,而刚性轴的位置是谐振子的固有属性,并不随激励而改变。非理想谐振子的刚性轴有可能与激励不一致,振型方向也就与激励方向不一致。总结起来,非理想谐振子的振型误差主要体现如下:

(1) 振型方位偏离压电电极的激励方向。

(2) 驻波振动中振幅幅值大小的不稳定性。

沿母线方向谐振子的振幅呈线性变化,如图 6 - 9 所示,沿母线方向依次测量谐振环,得到若干组数据,于是可测得谐振环的整体径向振幅分布。

2. 间接测量法

利用图 6 - 1、图 6 - 2 中的试验系统进行谐振子振动特性测量。将谐振子固

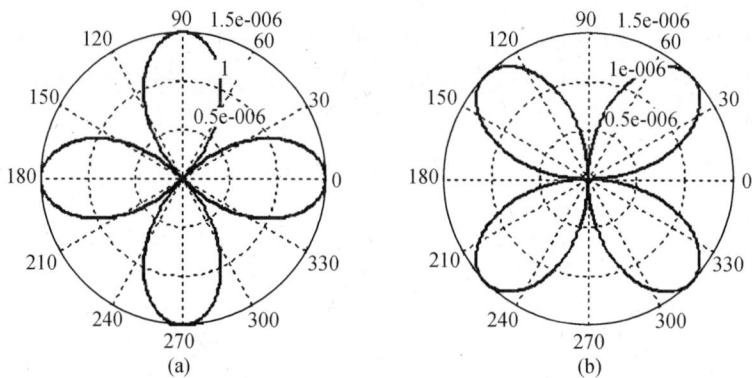

图 6 - 8 谐振子理论振型

(a) 第四阶理论振型;(b) 第五阶理论振型。

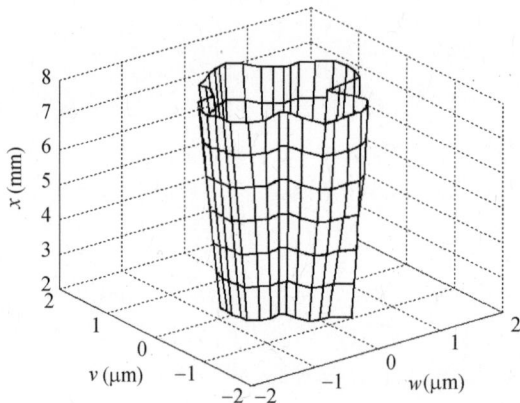

图 6 - 9 谐振子整体径向振幅分布

定在转台上,以频率响应分析仪激励电磁铁对谐振子进行扫频,在 90°的范围内每隔 5°进行一次扫频测量。由于在非刚性轴位置驱动时,扫频结果包含两个峰值,驱动位置越接近某一刚性轴位置时,两峰值位置的幅值增益相差越大,当扫频结果仅包含一个峰值位置时,可认为此时的驱动位置即谐振子的刚性轴位置附近。

为了能够验证刚性轴位置检测的准确性,在检测出谐振子刚性轴的位置后,以此位置为基准粘贴压电电极,并利用频率响应分析仪进行扫频测量,验证刚性轴位置的准确性。在 90°的范围内每隔 5°取一驱动位置进行扫频,所得到的结果,如图6 - 10 所示。

由图 6 - 10 可知,当驱动位置为 25°时扫频结果为单峰曲线,且在 20°或 30°位置驱动时都可以观察到另一个谐振峰,根据刚性轴的定义可知,可认为 25°附近分

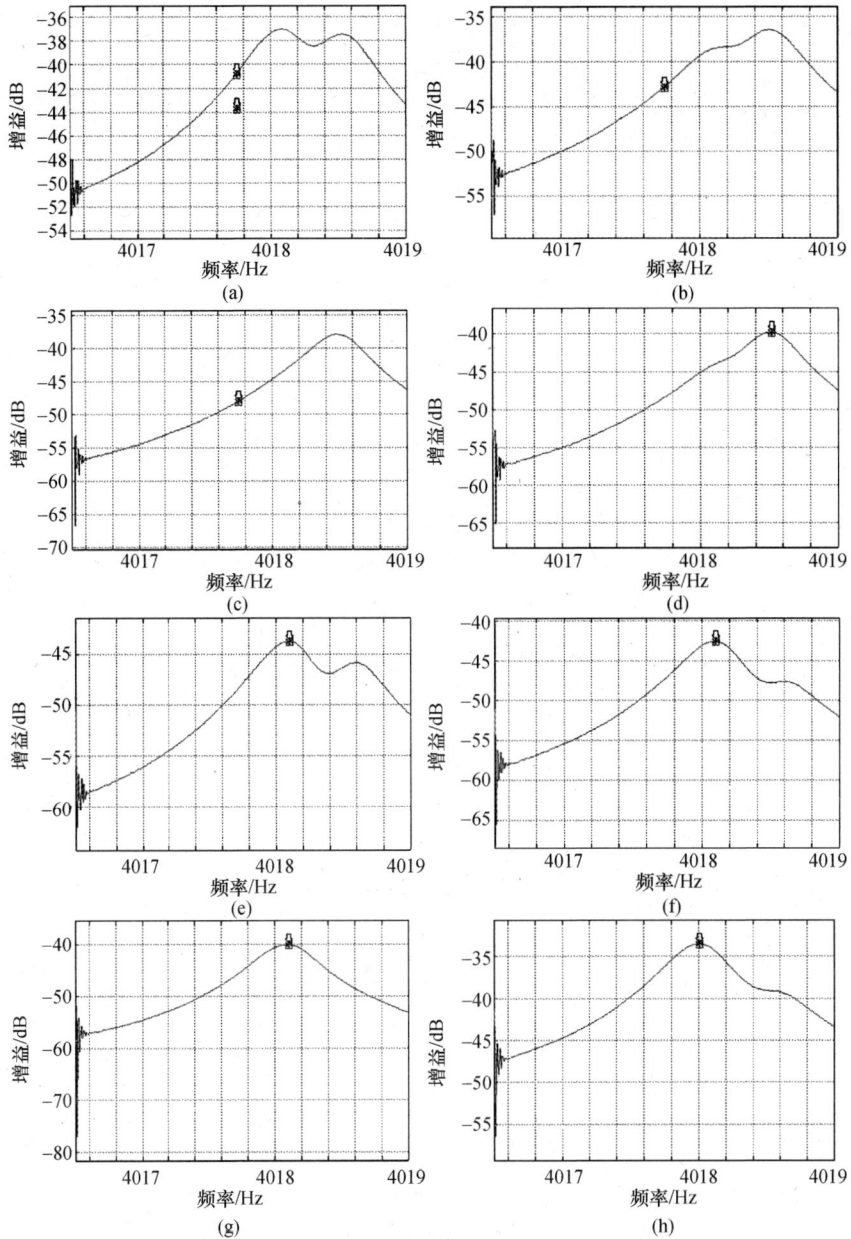

图 6-10 不同驱动位置的扫频结果

（a）15°位置驱动时的扫频结果；（b）20°位置驱动时的扫频结果；（c）25°位置驱动时的扫频结果；

（d）30°位置驱动时的扫频结果；（e）60°位置驱动时的扫频结果；

（f）65°位置驱动时的扫频结果；（g）70°位置驱动时的扫频结果；（h）75°位置驱动时的扫频结果。

布有谐振子的一个刚性振动轴。

与25°位置附近类似,在70°位置驱动时扫频结果为单峰曲线,65°与75°位置驱动时的扫频结果均能观察到另一个谐振峰的存在,因此可认为70°位置附近分布有谐振子的一个刚性轴。

为了更精确地确定刚性轴的位置,在20°~30°及65°~75°范围内,利用微麦克风对准驱动位置相隔45°的位置进行检测,对比不同驱动位置下麦克风的检测输出。所记录的检测结果如表6-1及表6-2所列。

表6-1　25°位置附近的检测结果

驱动位置	21°	22°	23°	24°	25°
测试数据	74.7mV	74.9mV	75.0mV	74.8mV	74.2mV
驱动位置	26°	27°	28°	29°	30°
测试数据	71.9mV	72.0mV	74.5mV	78.1mV	79.0mV

表6-2　70°位置附近的检测结果

驱动位置	66°	67°	68°	69°	70°
测试数据	87.1mV	86.0mV	85.6mV	82.0mV	80.5mV
驱动位置	71°	72°	73°	74°	75°
测试数据	80.4mV	82.9mV	83.3mV	85.9mV	86.6mV

由上述数据可以看出,当驱动位置分别为26°与71°时,麦克风的检测幅值达到最小,根据刚性振动轴的定义,可以认为这两个位置即谐振子的刚性振动轴。

6.4　压电电极的参数测试方法

如图6-11所示,电极面在垂直于 z 方向的主要平面上,在厚度方向极化,所加电场沿厚度方向。长度 l 沿 x 方向,宽度 a 沿 y 方向,厚度 h 沿 z 方向,长度方向是主要因素,所以只考虑 x 方向应力分量 X_1 的作用。又因为电极面垂直于 z 轴,所以只考虑电场分量 E_3 的作用,选用 X_1、E_3 为自变量,选用第一类压电方程:

$$\begin{cases} x_1 = s_{11}^E X_1 + d_{31} E_3 \\ D_3 = d_{31} X_1 + \varepsilon_{33}^X E_3 \end{cases} \quad (6-2)$$

式中: s_{11}^E 为弹性顺服常量; ε_{33}^X 为自由介电常数; x_1 为 x 方向的应变; D_3 为 z 方向的电位移。

在图6-11所示的薄长条压电陶瓷振子中,振子的极化方向与厚度方向平行,电极面与厚度方向垂直,压电电极两端处于机械自由状态。在外加交变电场 $E_3 = E_0 e^{j\omega t}$ 的作用下,压电薄长条沿长度方向产生伸缩振动,振动体内各点的振动方向

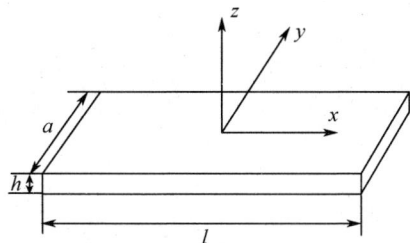

图 6 - 11   压电振子的空间结构图

以及振动传播方向皆与薄长条的长度方向一致。

根据牛顿第二运动定律得到薄长条的运动方程为

$$\rho \frac{\partial^2 u}{\partial t^2} = \frac{\partial X_1}{\partial x} \qquad (6-3)$$

因为压电电极的电极面是等位面,电场分量 E_3 在晶片中是均匀分布的,即有 $\frac{\partial E}{\partial x} = 0$,由式(6-2)、式(6-3)可得压电电极的波动方程为

$$\frac{\partial^2 u}{\partial t^2} = \frac{1}{\rho s_{11}^E} \frac{\partial^2 u}{\partial x^2} = c^2 \frac{\partial^2 u}{\partial x^2} \qquad (6-4)$$

通过压电效应 d_{31} 产生沿长度的纵向振动,则式(6-4)的通解为

$$u = [A\cos(kx) + B\sin(kx)] e^{j\omega t} \qquad (6-5)$$

式中: $k = \omega/c$。

将式(6-5)代入式(6-3),得

$$X_1 = \frac{1}{s_{11}^E} [-A\sin(kx) + B\cos(kx)] k e^{j\omega t} - \frac{d_{31}}{s_{11}^E} E_0 e^{j\omega t} \qquad (6-6)$$

压电振子的两端为自由端,它的机械自由边界条件为 $x = 0$ 时,有 $X_l \big|_{x=0} = 0$; $x = l$ 时,有 $X_l \big|_{x=l} = 0$,求得

$$X_1(x,t) = \frac{d_{31} E_3}{s_{11}^E} \left[\frac{\sin(k(l-x)) + \sin(kx)}{\sin(kl)} - 1 \right] \qquad (6-7)$$

由压电方程式(6-2),得

$$D_3(x,t) = \frac{d_{31}^2 E_3}{s_{11}^E} \frac{\sin(k(l-x)) + \sin(kx)}{\sin(kl)} + \left(\varepsilon_{33}^X - \frac{d_{31}^2}{s_{11}^E} \right) E_3 \qquad (6-8)$$

因为压电振子电极面上的电流 I_3 等于电极面上的电荷 Q_3 随时间的变化率,即

$$I_3 = \frac{dQ_3}{dt} \qquad (6-9)$$

而电极面上的电荷 Q_3 与电极 D_3 的关系为

$$Q_3 = \int_0^l \int_0^a D_3 \mathrm{d}x \mathrm{d}y = la\left(\varepsilon_{33}^X - \frac{d_{31}^2}{s_{11}^E}\right)E_3 + \frac{d_{31}^2 E_3 la}{s_{11}^E} \frac{\tan\left(\dfrac{kl}{2}\right)}{\dfrac{l}{2}} \qquad (6-10)$$

$$I_3 = \mathrm{j}\omega la\left\{\varepsilon_{33}^X + \left[\frac{\tan\left(\dfrac{kl}{2}\right)}{\dfrac{kl}{2}} - 1\right]\frac{d_{31}^2}{s_{11}^E}\right\}E_3 \qquad (6-11)$$

当外界作用的频率等于谐振频率时,压电陶瓷片就产生机械振动,谐振时振子的振幅最大,弹性能量也最大。另一方面,由于压电陶瓷具有压电效应,因此可以采用输入电信号的方法,通过逆压电效应,使压电陶瓷片产生机械振动,而陶瓷片的机械谐振,又可以通过正压电效应而输出电信号。

选择尺寸为 $60\text{mm} \times 2\text{mm} \times 0.2\text{mm}$ 的薄长条片,压电电极型号为 PZT5,$d_{31} \neq 0$ 的 zx 切割晶片,按图 6-12 所示的线路连接。信号发生器的频率从低频慢慢地向高频方向变化,当信号频率为某一值时,通过压电陶瓷振子的传输电流出现最大值,而当信号频率变到另一个频率时,传输电流出现最小值,如图 6-13 所示。

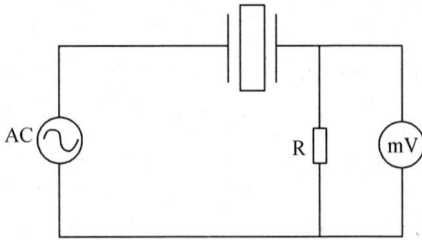

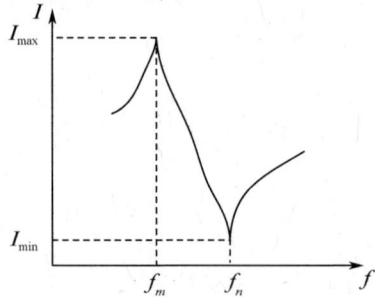

图 6-12　线路示意图　　　　图 6-13　电流随频率的变化示意图

图 6-13 中流经压电陶瓷振子的电流随频率的变化表明压电陶瓷振子的等效阻抗随频率而变化。当信号频率等于 f_m 时,通过压电陶瓷振子的电流最大,即其等效阻抗最小,导纳最大;当信号频率等于 f_n 时,通过压电振子的电流最小,即其等效阻抗最大,导纳最小。因此,通常把 f_m 称为最大导纳频率(最大传输频率)或最小阻抗频率;而把 f_n 称为最小导纳频率(最小传输频率)或最大阻抗频率。

如果继续提高信号源的信号频率,还可以有规律地出现一系列的电流次最大值和最小值,这些频率分别对应于压电陶瓷振子的其他振动模式的谐振频率以及压电陶瓷振子的高次振动模式谐振频率。

考虑压电横梁模型引入温度的影响,当交变电压的频率等于谐振频率时,压电陶瓷横梁将产生谐振。引入铁木辛柯梁的共振频率 ω_n:

112

$$\omega_n = \left(\frac{n\pi}{l}\right)^2 \frac{E_p I}{\rho A} \qquad (6-12)$$

式中:l 为梁的长度;A 为梁的截面积;n 为梁振动的阶数;I 为截面惯性矩;E_p 为梁的弹性模量。

对压电陶瓷的弹性模量引入温度的影响:

$$E_p = E_{p0}\left[1 + \alpha(T - T_0)\right] \qquad (6-13)$$

式中:E_{p0} 为常温下压电陶瓷片弹性模量,为 139GPa;α 为压电陶瓷片弹性模量的温度系数;常温 $T_0 = 25℃$。

压电陶瓷的机电耦合系数 k_{31} 为

$$k_{31} = \frac{d_{31}^2}{\varepsilon_{33}^X s_{11}^E} \qquad (6-14)$$

式中:自由介电常数 ε_{33}^X 与压电陶瓷片的电容 C、电极面积 A、电极间的距离 t 之间的关系为:$\varepsilon = C \times t / A$。

把式(6-14)代入式(6-11),得

$$I_3 = jwla\left\{\varepsilon_{33}^X + \left[\frac{\tan\left(\frac{kl}{2}\right)}{\frac{kl}{2}} - 1\right]k_{31}\varepsilon_{33}^X\right\}E_3 \qquad (6-15)$$

弹性顺服系数与谐振频率的关系为

$$s_{11}^E = \frac{(2n-1)^2}{4l^2\rho\omega_n^2} \qquad (6-16)$$

式中:n 为梁振动的阶数。

压电系数与振幅关系为

$$d_{31} = \frac{x \cdot 2\zeta \cdot 2t}{U_0 \cdot l} \qquad (6-17)$$

式中:ζ 为阻尼,悬臂梁的阻尼受温度影响很小。振动位移幅值 x 由公式 $x = \dot{x}/(2\pi\omega_n)$ 推算出。

压电悬臂梁测试线路图如图 6-14 所示[4],信号激励与检测设备为频率响应分析仪 FRA5087,激励电压为 5V 正弦电压。在压电陶瓷悬臂梁的振动达到谐振过程时,通过电阻 R 上的电流 I 越大,R 上的电压降也越大,悬臂梁振动达到谐振点时,通过 R 的电流达到最大,电压降也达到最大,在图 6-14 中 1 点检测到的电压也将最小,所以 CH1/CH2 也最大,对应于图 6-15 中的 f_m 点。

压电陶瓷悬臂梁置于温控箱中后,加约束装置予以固定。试验温度变化范围为 $-40 \sim 60℃$。每一个温度点测试 3 次。通过 FRA 的扫频,在屏幕上可以观察到

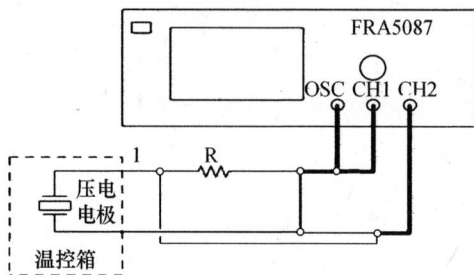

图 6 - 14   压电悬臂梁测试线路图

两阶模态的振型,如图 6 - 16 所示。

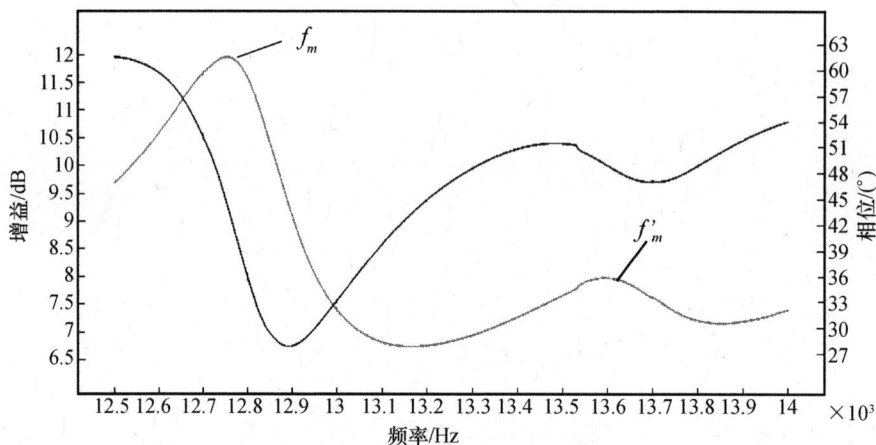

图 6 - 15   谐振频谱分析图

通过 FRA 检测出各个温度点压电陶瓷悬臂梁在同一阶模态的谐振点,记录下各个谐振点 f_m 所对应的谐振频率值和增益值(即 CH1/CH2),如表 6 - 3 所列。

表 6 - 3   悬臂梁在不同温度时的谐振频率与增益

温度/℃	谐振频率/Hz	f_m 点增益/dB
-40	12754.7168	11.966
-30	12690.4138	11.761
-20	12640.4726	11.932
-10	12571.9208	11.658
0	12500.0928	11.327
10	12454.8897	11.235
20	12380.0437	11.165

温度/°C	谐振频率/Hz	f_m 点增益/dB
30	12320.1376	11.585
40	12247.6874	11.033
50	12170.8233	11.350
60	12094.9395	11.685

采用 Polytec 激光测振仪测量压电陶瓷悬臂梁的振动,当温度变化时,对压电陶瓷悬臂梁进行单点的速度测试,从而可以确定悬臂梁在温度变化时单点的振幅。所测单点振动速度如图 6 - 16 所示。

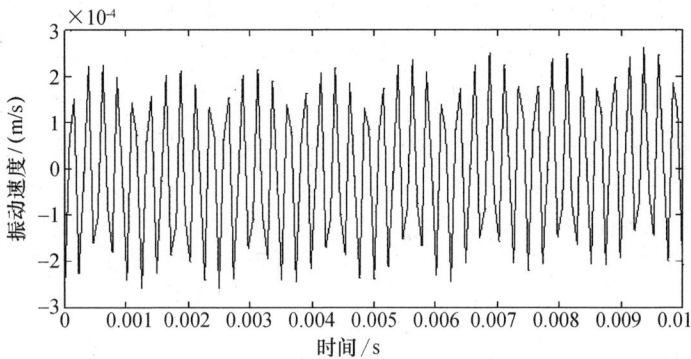

图 6 - 16　压电电极谐振速度响应图

在温度由 - 40 ~ 60°C 时,横梁上单点振动位移幅值与温度的关系图如图 6 - 17 所示。

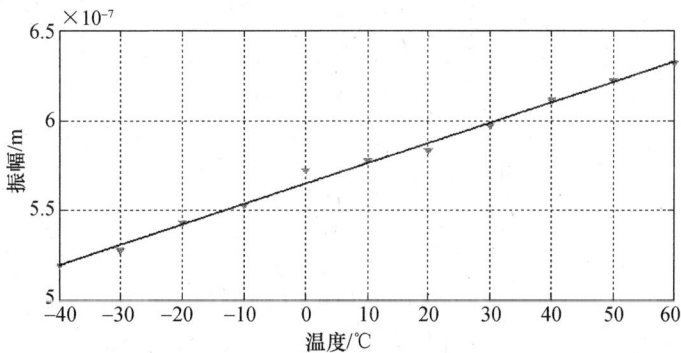

图 6 - 17　振动位移幅值与温度关系图

由图 6 - 17 进行线性拟合,可知振动幅值与温度有如下关系:$y = p_1 x + p_2$。
式中:$p_1 = 1.1306 \times 10^{-9}$,$p_2 = 5.6497 \times 10^{-7}$。

所以,可以得知压电电极的微幅振动的幅值随温度升高而增大,变化的系数为 1.1306×10^{-9} m/°C。

6.5 谐振子的简易综合参数测试方法

本节介绍一种基于声波叠加和分解的方法来测量谐振子品质参数[5]。容易知道结构振动产生的声压场与其振动形态密切相关,因此可以根据检测到的声波信号来反推振动信息。谐振子的自由振动是由一系列基本模态构成。但是只有椭圆形的驻波模态能够较长时间地稳定存在,因为谐振子的环形结构在自然振动的情况下容易抑制其他形式的模态。考虑到驻波模态是圆柱壳体振动陀螺的主要工作模态,因此可以利用谐振子的自由振动来进行品质参数测试。

当非理想谐振子自由振动时,其振型由两列频率不同、相差45°的驻波共同构成。于是谐振子的参数不同时,其合成驻波也将不同。因此,在理论上可以利用参数拟合来计算谐振子的品质参数。

对于在空气中振动的谐振子,其声压分布如图 6-18 所示,可以看出在驻波波腹处对应着最高声压压强,在波节点处对应着最低声压压强,并且声压变化的梯度方向指示了模态振型的方向。

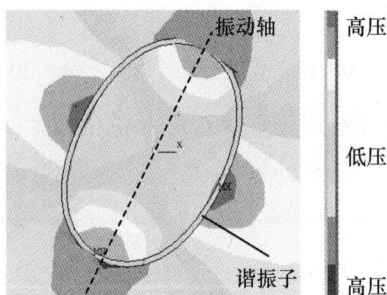

图 6-18 振动时声压分布

非理想谐振子的振型分解模型如图 6-19 所示。考虑谐振子的椭圆变形 A 为

$$A(\theta) = A_0 \cos(2\theta) \tag{6-18}$$

式中:A_0 为在 $\theta = 0°$ 处的最大变形量。

对于非理想谐振子,其振动轴的方向与椭圆变形轴的方向有所不一致。令 M、N 分别为沿高频轴与低频轴的振动幅值,在非理想情况下,驱动模态与检测模态同时被激发,其振动形式为

$$M(\theta, t) = M_0 \cos 2(\theta - \varphi_0) \cos \omega_1 t$$

116

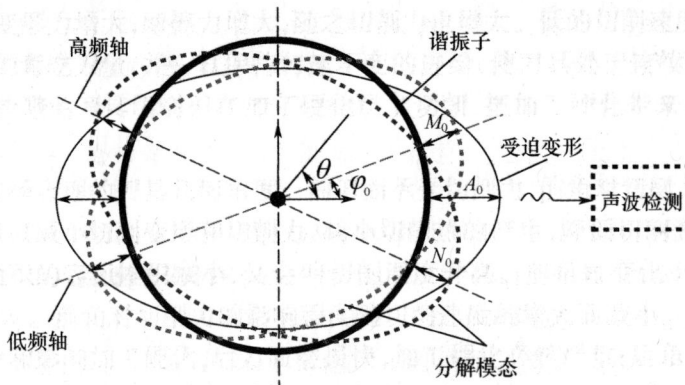

图 6 - 19   非理想谐振子的振动分解模型

$$N(\theta,t) = N_0 \sin 2(\theta - \varphi_0) \cos \omega_2 t \qquad (6-19)$$

式中:M_0,N_0 表示最大幅值;ω_1,ω_2 分别为对应的模态固有频率。

根据振型叠加原理,在时间变量 t 为 0 的时候,A_0 又可以表示为

$$A_0 = M_0 \cos(2\varphi_0) + N_0 \sin(2\varphi_0) \qquad (6-20)$$

在短期内不考虑能量损耗,由能量守恒原理可知:

$$\int_0^{2\pi} \left(A + \frac{\partial^2 A}{\partial \theta^2} \right)^2 \mathrm{d}\theta = \int_0^{2\pi} \left(M + \frac{\partial^2 M}{\partial \theta^2} \right)^2 \mathrm{d}\theta + \int_0^{2\pi} \left(N + \frac{\partial^2 N}{\partial \theta^2} \right)^2 \mathrm{d}\theta \qquad (6-21)$$

联立式(6-20)与式(6-21),可以解得:

$$M_0 = A_0 \cos(2\varphi_0)$$
$$N_0 = A_0 \sin(2\varphi_0) \qquad (6-22)$$

如果将阻尼系数 ξ 也考虑在内,于是径向位移 w 通过振型叠加法可以获得,其表示为

$$w = A_0 \mathrm{e}^{-\psi\xi t} \sqrt{\cos^2(2\theta) + \sin(4\varphi_0)\sin 4(\theta - \varphi_0)\cos^2\left(\frac{\Delta\omega t}{2}\right)} \cdot \sin(\omega_1 t + \Theta)$$

$$(6-23)$$

式中:$\xi = 1/2Q$;Ψ 为与半径 R,密度 ρ 以及谐振坏弯曲刚度 K 相关的参数,$\psi = \sqrt{\frac{K}{\rho R^4}}$;$\Delta\omega = \omega_2 - \omega_1$,振动相位角为

$$\Theta = \arctan\left[\frac{\sin(2\varphi_0)\sin 2(\theta - \varphi_0)\sin\Delta\omega t}{\cos(2\varphi_0)\cos 2(\theta - \varphi_0) + \sin(2\varphi_0)\sin 2(\theta - \varphi_0)\cos\Delta\omega t} \right] (6-24)$$

117

由式(6-23)、式(6-24)可以看出,这两式包含有频率裂解 $\Delta\omega$、模态偏移 φ_0,以及品质因数。因为声压 P 是与谐振子振动的幅值与速度成正比关系,于是检测到的声压大小为

$$P = k \frac{\mathrm{d}w}{\mathrm{d}t} \qquad (6-25)$$

式中:k 为谐振子振动与声压场之间的耦合系数。

这样,通过式(6-23)、式(6-24),可以反算谐振子的品质参数。

依据上述振型检测原理,对谐振子进行品质参数检测。声学测试方法具有以下步骤:

步骤1:激励谐振子的自由振动。将谐振子牢固固定在平台上,通过激励谐振子边缘使其产生初始形变,并进入自由振动状态,注意记录下敲击位置以方便驻波位置识别。

步骤2:通过声压传感器获得声波信号。为了便于测量,使谐振子的中心、敲击位置以及声压传感器在同一条直线上,声压传感器尽量接近谐振子边缘以减小声波在空气中的损耗。

步骤3:信号处理。使用 Matlab 工具对采集到的声波信号进行读取分析,利用最小二乘方法对声波信号进行拟合,计算出谐振子的特征模态参数。

谐振子采集到的声波信号如图6-20(a)所示,可以看出在谐振子自由振动的过程中形成了一列不断衰减的振荡波。这列波由驱动模态和检测模态的振动共同合成。在最初的0.5s内,声波信号具有较大的变形。这主要是由最初的冲击振动引入了较大的干扰。但是这种非理想信号衰减较快,为了提高拟合精度,本次测试只选用了0.5~5s之间的信号。

然后在 Matlab 中进行参数分析,利用 Matlab 最小二乘法工具箱进行参数识别,拟合结果如图6-20(b)所示。通过参数拟合得到谐振子的频率裂解为1.93Hz,机械品质因数为3499.4,模态漂移为13.5°。参数识别的精度与采集到的声波信号精度有着较大关系。同时发现随着采样时间的增加,信号的信噪比也有一定程度下降。如果进行滤波处理,识别精度能够进一步提高。

通过傅里叶变换还可以对信号的频谱进行分析,结果如图6-20(c)所示。可以发现两列驻波的信号频率分别为3123.95Hz 及3125.9Hz。这样谐振子的频率裂解为1.95Hz,与用参数拟合得到的结果较为一致。此外,图6-20(c)中的波谱幅值还表示了振动能量的大小。

相对于传统的检测方法,谐振子的声学测试方法具有足够良好的精度,并且只需要价格低廉的麦克风式声压传感器就能实现,能够有效度降低测试成本,提高测试效率。

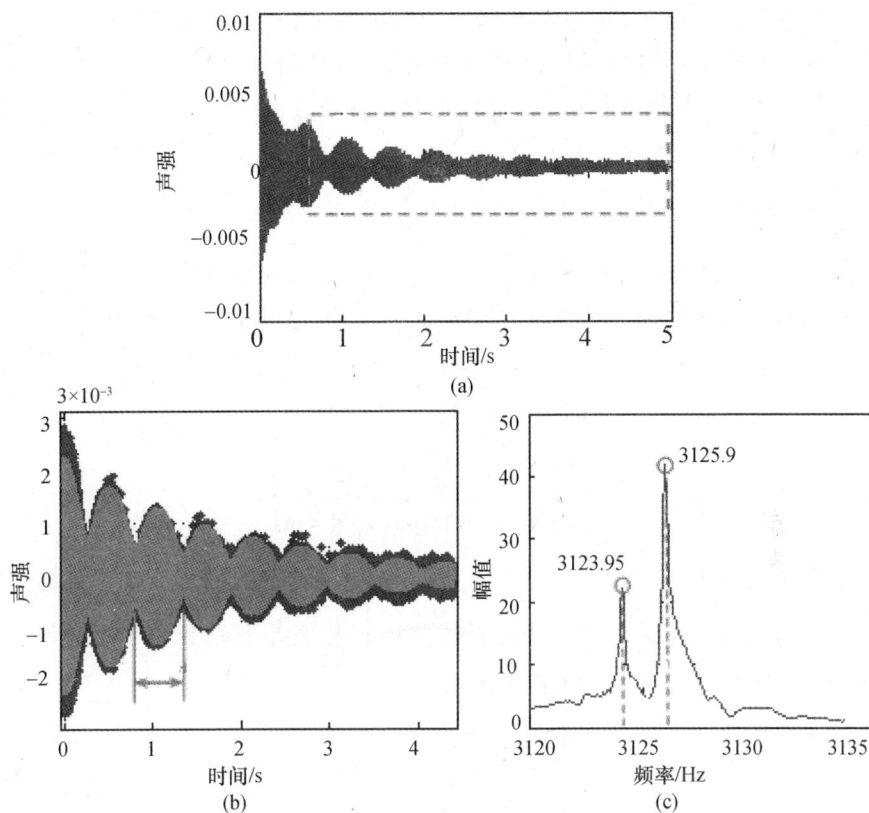

图 6-20 声波信号

（a）声波信号；（b）拟合信号；（c）频谱分析。

参 考 文 献

[1] ROURKE A K, MCWILLIAM S, Fox C H J. Multi – mode trimming of imperfect rings[J]. Journal of Sound and Vibration, 2001,248(4): 695 – 724.

[2] XI X, WU Y L, WU X M, et al. Investigation on standing wave vibration of the imperfect resonant shell for cylindrical gyro[J]. Sensors and Actuators A – Physical, 2012,179: 70 – 77.

[3] 王剑秋. 圆柱壳体振动陀螺非接触式驱动与检测技术研究[D]. 长沙:国防科学技术大学, 2014.

[4] 朱炳杰. 杯形陀螺谐振子振动特性分析及修整技术研究[D]. 长沙:国防科学技术大学, 2011.

[5] XI X,WU Y L,ZHANG Y M,et al. A simple acoustic method for modal parameter measurement of the resonator for vibratory shell gyroscope[J]. IEEE Sensors Journal, 2014,14(11): 4069 – 4077.

第7章 圆柱壳体振动陀螺的全闭环控制

测控电路是陀螺表头要实现测量角速度功能的关键,测控电路的性能直接影响陀螺检测角速度的能力。本章针对圆柱壳体振动陀螺结构,介绍相关测控技术,主要内容包括陀螺表头的模型辨识、驱动控制技术、力平衡控制技术和角速度检测技术。

7.1 测控电路原理

高精度的陀螺谐振子是陀螺的核心部件,但还需要相关的外围设备集成才能最终实现陀螺整机的研制。测控电路的主要功能:①激励起谐振子的驱动模态,使其能够以稳定的驻波形式振动;②抑制检测模态的振动,使陀螺具有较好的响应带宽;③从力平衡信号中解调出角速度,实现角速度的信号输出。

圆柱壳体振动陀螺的基本电路原理框图如图7-1所示,主要包括驱动环路以及力平衡环路两个部分。其中谐振子的闭环驱动主要实现频率跟踪与幅值控制,力平衡环路抑制检测模态并实现角速度解调。

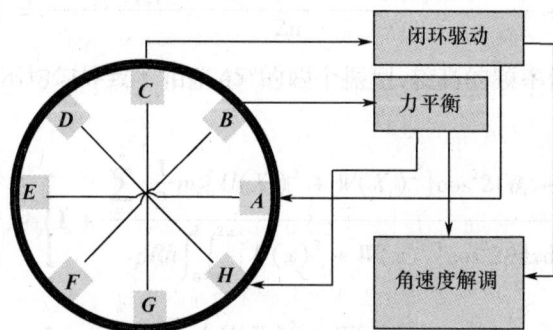

图7-1 电路原理框图

在固有频率 ω_0 附近,谐振子的振动位移 w 应为

$$w = A\cos(\omega_d t - \phi)\cos(2\theta) \tag{7-1}$$

式中:A 为驱动信号的幅值;ω_d 为驱动信号的频率;ϕ 为驱动与响应之间的相位差,可以由下式计算:

$$\phi = \arctan \frac{2\xi\gamma_1}{1 - \gamma_1^2} \tag{7-2}$$

式中:$\gamma_1 = \omega_0/\omega_d$。

可见,如果需要保持对谐振子固有频率的跟踪,要求 $\gamma_1 = 1$;即要求驱动与检测之间的相位差 ϕ 为 90°。

可以通过移相器实现对驱动信号相位的处理,实际上谐振子本身的真实相位移动 ϕ 为

$$\phi = \phi_d + \phi_{delay} \tag{7-3}$$

式中:ϕ_{delay} 为由于各种滤波器件、驱动/检测电极与谐振子之间的黏胶等产生的固定相位延迟。于是,可以通过对移相器的参数 ϕ_d 进行主动调节,使相位移动较为理想地保持在 90°。

谐振子的幅值控制通过 PID 实现。谐振子的幅值与压电电极的电压成正比关系,于是将参考电压与压电电极检测到的电信号差值作为 PID 控制器的输入,从而使谐振子的位移保持恒定,整个电路控制框图如图 7-2 所示。

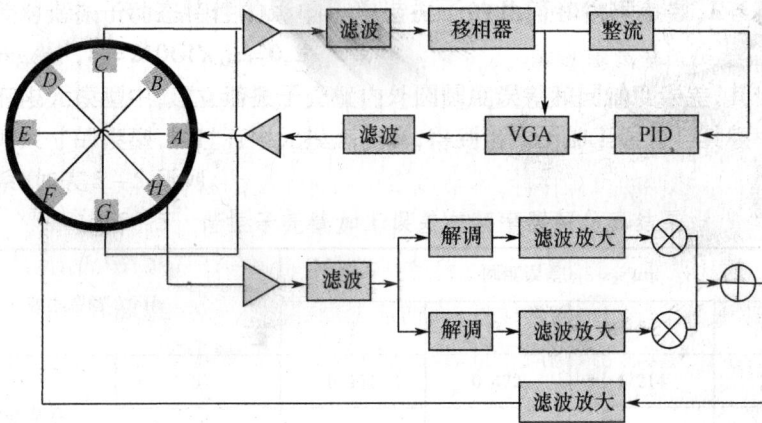

图 7-2　电路控制框图

通过将力平衡控制回路的信号与陀螺驱动模态信号解调的方法提取角速度信息。解调电路的核心部件是乘法器,乘法器应具有理想的乘法特性,以及较好的过载能力。科里奥利效应产生的检测信号经过乘法器解调,再经过低通滤波电路和放大电路,就可以得到与输入角速度所对应的输出电压。

7.2 谐振子的等效电路模型

7.2.1 谐振子的等效电路建模

圆柱壳体振动陀螺通过逆压电效应和压电效应实现谐振子的驱动模态和敏感模态,在陀螺表头有输入电压和输出电压,其电学特性可以通过建立谐振子的等效电路模型来描述。等效电路方法可以将谐振子复杂的机械域振动变换为通过电路元件实现的电信号,辨识出陀螺表头的传递函数,为陀螺的测控电路设计提供基础[1]。

圆柱壳体振动陀螺谐振子作为一种基于压电效应的谐振器,其压电电极上既有输入电压又有输出电压,而谐振子本身是弹性体,具有无限多个模态,其每一阶模态的动态特性与 RLC 电路的动态特性类似,皆为二阶系统的动态特性,因此圆柱壳体振动陀螺谐振子对输入电压频率的响应特征可通过等效电路模型来描述,如图 7-3 所示。

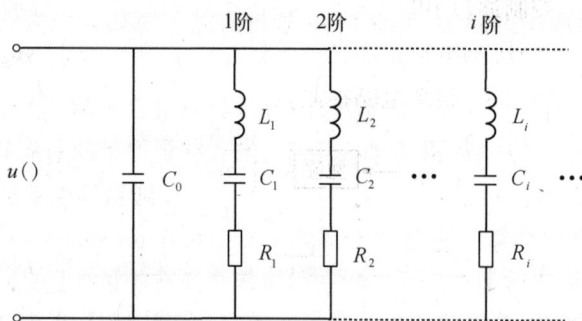

图 7-3 圆柱壳体振动陀螺谐振子的等效电路模型

在图 7-3 中,等效电路模型中的每一个支路描述谐振子的一个振动模态,其中 R_i、C_i 和 L_i 为谐振子的等效电阻、等效电容和等效电感,也称为动态电容和动态电感,与谐振子的机械性质有关,分别对应于谐振子第 i 阶模态质量和模态刚度,R_i 为谐振子的等效电阻,它与材料的机械损耗有关,对应于第 i 阶模态阻尼。此外,并联的电容 C_0 表示压电电极间的静电容。谐振子的动力响应虽是无穷多个振型响应的叠加,但对于高品质因数的圆柱壳体振动陀螺的工作模态而言,谐振子在其工作模态频率附近,仅取谐振子工作模态振型进行驱动力的稳态响应分析即可获得较高的动力响应的精度,因此电压激励谐振子工作模态的振动可以简化为一个 RLC 支路来等效。有简化的圆柱壳体振动陀螺谐振子的等效电路模型,如图 7-4所示。

122

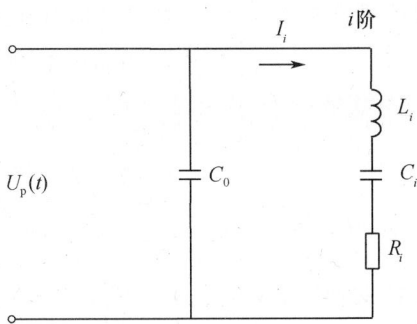

图 7 - 4　圆柱壳体振动陀螺谐振子的简化等效电路模型

由模拟电路分析知识可知，图 7 - 4 中，RLC 支路的谐振频率为

$$\omega_i = \frac{1}{\sqrt{L_i C_i}} \tag{7-4}$$

图 7 - 4 中 RLC 支路的导纳可表示为

$$
\begin{aligned}
Y_i(\omega) &= \frac{1}{R_i + j\omega L_i + \dfrac{1}{j\omega C_i}} \\
&= \frac{\omega_p^2 R_i C_i^2 + j(\omega_p^3 R_i C_i^2 - R_i C_i)}{(1 - \omega_p^2 L_i C_i)^2 + (\omega_p R_i C_i)^2} = G_i(\omega) + jB_i(\omega)
\end{aligned} \tag{7-5}
$$

式中：$G(\omega)$ 为电导；$B(\omega)$ 为电纳。

为推导谐振子动力学模型参数与等效电路参数之间的关系，可从能量守恒的角度，即通过陀螺的驱动电压在机械域做功等于其在电域做功，来分析圆柱壳体振动陀螺谐振子等效电路特性。

设陀螺的驱动电压 $U_p(t) = U_{p0}\sin\omega_p t$，等效电路中 RLC 支路一个振荡周期内消耗的能量为

$$
\begin{aligned}
W_i &= \int_0^{T_i} U_p(t) I_i(t) \mathrm{d}t = \int_0^{\frac{2\pi}{\omega}} U_p^2(t) \sin^2(\omega_p t) G_i(\omega) \mathrm{d}t \\
&= \frac{\pi\omega_p R_i C_i^2 U_{p0}^2}{(1 - \omega_p^2 L_i C_i)^2 + (\omega_p R_i C_i)^2} = \frac{\pi\omega_p R_i C_i^2 U^2}{(1 - v_i^2)^2 + (\omega_p R_i C_i)^2}
\end{aligned} \tag{7-6}
$$

式中：频率比 v_i 为

$$v_i = \frac{\omega_p}{\omega_i} \tag{7-7}$$

根据圆柱壳体振动陀螺谐振子的广义坐标、广义力的定义，广义力在谐振子的驱动模态，即第 i 阶振型下的一个周期内所做的功为

123

$$W_d = \int_0^{\frac{2\pi}{\omega_p}} F^* \cdot \dot{w}_A \, dt$$

$$= \int_0^{\frac{2\pi}{\omega_p}} \frac{M_{p0}}{H} \sin\omega_p t \cdot w_{A\_st} \eta_d \omega_p \cos(\omega_p t - \beta_d) \, dt$$

$$= \frac{\pi M_{p0}}{H} w_{A\_st} \eta_d \sin\beta_d \tag{7-8}$$

进一步可得

$$W_d = \left(\frac{U_{p0} \Theta_{UM}}{H}\right)^2 \frac{\pi}{k_d^*} \frac{2\xi v_d}{(1 - v_d^2)^2 + 4\xi^2 v_d^2} \tag{7-9}$$

由于系统能量守恒,即式(7-6)与式(7-9)相等,可以得到如下关系式:

$$\begin{cases} C_i = \left(\dfrac{\Theta_{UM}}{H}\right)^2 \dfrac{1}{k_d^*} \\[3mm] \omega_p R_i C_i = 2\xi v_d \\[3mm] \omega_i = \dfrac{1}{\sqrt{L_i C_i}} = \omega_d = \sqrt{\dfrac{k_d^*}{m_d^*}} \end{cases} \tag{7-10}$$

解式(7-10)可得,谐振子等效电路参数与其物理参数之间的关系为

$$\begin{cases} U_p = F^* \left(\dfrac{H}{\Theta_{UM}}\right) = \dfrac{F^*}{n_{M-E}} \\[3mm] L_i = \left(\dfrac{H}{\Theta_{UM}}\right)^2 m_d^* = \dfrac{1}{n_{M-E}^2 m_d^*} \\[3mm] C_i = \left(\dfrac{\Theta_{UM}}{H}\right)^2 \dfrac{1}{k_d^*} = \dfrac{n_{M-E}^2}{k_d^*} \\[3mm] R_i = 2\xi\omega_d m_d^* \left(\dfrac{H}{\Theta_{UM}}\right)^2 = \dfrac{2\xi\omega_d m_d^*}{n_{M-E}^2} \end{cases} \tag{7-11}$$

式中:$n_{M-E} = \dfrac{\Theta_{UM}}{H}$ 为圆柱壳体振动陀螺谐振子机械域到电域的转换系数。

如图7-4所示,设 RLC 支路电流为 $I_i(t)$,则电路电压与电流的关系为

$$U_p(t) = L_i \frac{dI_i(t)}{dt} + R_i I_i(t) + \frac{1}{C_i} \int I_i(t) \, dt$$

$$= L_i \frac{d^2 Q_i(t)}{dt^2} + R_i \frac{dQ_i(t)}{dt} + \frac{1}{C_i} Q_i(t) \tag{7-12}$$

由式(7-11)和式(7-12)可求得 RLC 支路在正弦驱动电压 $U_p(t) = U_{p0}\sin\omega_p t$ 的作用下,其稳态电荷为

$$Q_i(t) = U_{p0} C_i \eta_i \sin(\omega_p t - \beta_i) \tag{7-13}$$

式中:η_i 为等效电路动态电荷的放大系数;β_i 为驱动模态动态位移的响应滞后相位角。

$$\begin{cases} \eta_i = \dfrac{1}{\sqrt{(1 - \upsilon_i^2)^2 + (\omega_p R_i C_i)^2}} \\ \beta_i = \arccos\left(\dfrac{1 - \upsilon_i^2}{\sqrt{(1 - \upsilon_i^2)^2 + (\omega_p R_i C_i)^2}} \right) \end{cases} \quad (7-14)$$

等效电路的 RLC 支路电流可以等效为谐振子的广义速度。根据式(7-11),可得 RLC 支路电荷(电流)与谐振子广义位移(速度)之间的关系为

$$\begin{cases} Q_i = n_{M-E} w_A \\ I_i = n_{M-E} \dot{w}_A \end{cases} \quad (7-15)$$

综上所述,圆柱壳体振动陀螺谐振子机械域参数到电域参数转换的对应关系,如表 7-1 所列。

表 7-1　谐振子机械域-电域等效参数对照表

	力-电压	位移-电量	速度-电流	质量-电感	刚度-电容	阻尼-电阻
机械域	F^*	w_A	$\dot{w}_A$	m_d^*	k_d^*	ξ
电域	U_p	Q_i	I_i	L_i	$1/C_i$	R_i

为表达谐振子驱动模态下驱动电压与驱动模态振动检测信号间的关系,可通过在谐振子等效电路中引入一个流控电流源进行变换,如图 7-5 所示。

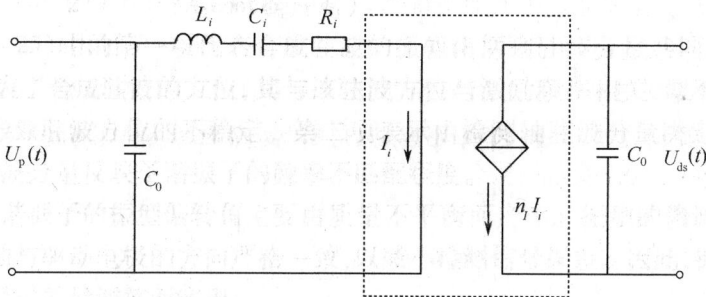

图 7-5　陀螺谐振子驱动模态检测等效电路模型

图 7-5 所示谐振子驱动模态检测信号为

$$U_{ds}(t) = \frac{1}{C_0} \int n_I I_i(t) dt = w_{A\_d} \frac{e_{31} h_p (h_b + h_p)}{2 H \varepsilon_{33} (R - R_0)} \sin(\omega_p t - \beta_d) \quad (7-16)$$

解式(7-16)可得,流控电流源的转移电流比 n_I 为

$$n_I = \frac{e_{31} b_p l_p (h_b + h_p)}{2 \Theta_{UM} (R - R_0)} = \frac{c_{33} e_{31}}{c_{13} e_{33} - e_{31} c_{33}} \quad (7-17)$$

125

由于理想的圆柱壳体振动陀螺谐振子的驱动模态与敏感模态具有一致的动态特性,因此谐振子的敏感模态也可以通过 RLC 电路来等效,且参数与驱动模态等效电路参数一致。为表达谐振子驱动模态下振动速度与谐振子所受科里奥利力之间的关系,可通过在谐振子等效电路中引入一个流控电压源进行变换,如图 7 - 6 所示。

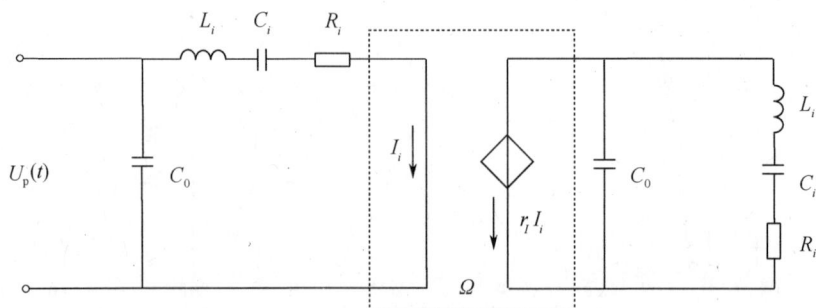

图 7 - 6　圆柱壳体振动陀螺谐振子科里奥利力耦合等效电路模型

图 7 - 6 中所示谐振子敏感模态的等效驱动电压为

$$U_c(t) = r_I I_i(t) = \frac{M_c}{\Theta_{UM}} = \frac{\Omega \dot{w}_A \Theta_{\Omega M}}{\Theta_{UM}} = \frac{\Omega I_i \Theta_{\Omega M}}{n_{M-E}\Theta_{UM}} \tag{7-18}$$

解式(7 - 18)可得,流控电压源的转移电阻 r_I 为

$$r_I = \Omega \frac{\Theta_{\Omega M}}{n_{M-E}\Theta_{UM}} = \Omega r_\Omega \tag{7-19}$$

与驱动模态的检测信号相似,谐振子敏感模态的检测信号也可通过在谐振子等效电路中引入一个流控电流源进行变换,具体模型与谐振子驱动模态的检测信号的等效模型类似。由此可得圆柱壳体振动陀螺谐振子驱动与检测原理的等效电路,如图 7 - 7 所示。

7.2.2　谐振子的等效参数识别

根据前述谐振子等效电路建模过程可知,若已知圆柱壳体振动陀螺驱动模态附近的频响曲线即可辨识出谐振子等效电路的参数。将动平衡后的圆柱壳体振动陀螺驱动模态的频率响应曲线的纵坐标转换成输出电压值的形式,如图 7 - 8 所示。

在图 7 - 8 中的频响曲线上作出系统的半功率点,即可根据下式求出系统的品质因数:

$$Q = \frac{1}{2\xi} = \frac{\omega_i}{\omega_2 - \omega_1} = \frac{3953.98}{3954.21 - 3953.77} = 8786 \tag{7-20}$$

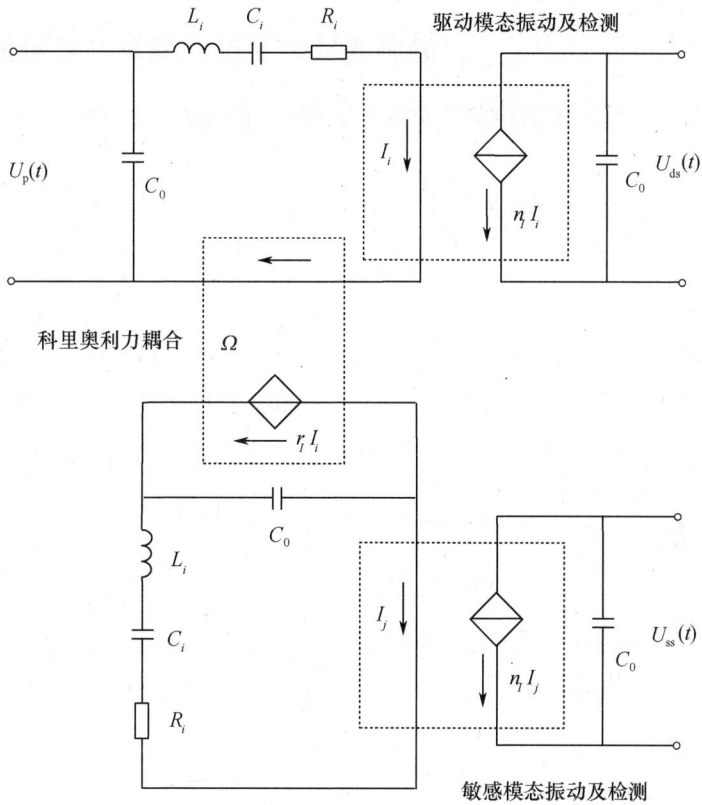

图 7-7 圆柱壳体振动陀螺驱动与检测原理等效电路

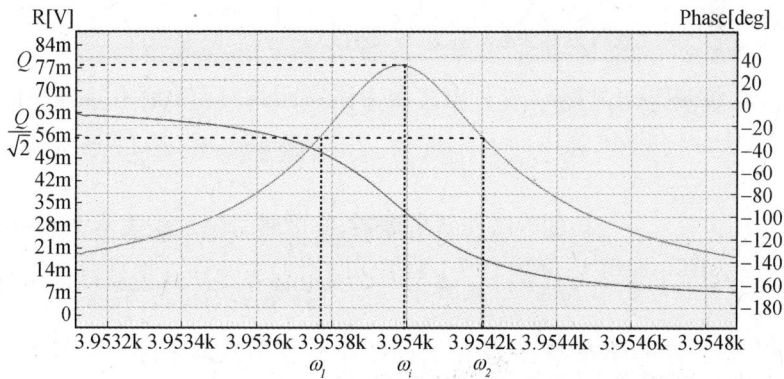

图 7-8 圆柱壳体振动陀螺驱动模态附近的频响曲线

参照表 2-2 中谐振子压电电极产品技术参数指标可得谐振子静电容和等效

流控电流源的转移电流比 n_I 为

$$\begin{cases} C_0 = 1.486 \times 10^{-9}\text{F} \\ n_I = 0.272 \end{cases} \tag{7-21}$$

由式(7-10)和式(7-13)可得等效电容 C_i 为

$$C_i = \frac{U_{\text{ds-max}} C_0 n_I}{U_{p0} Q} = 9.707 \times 10^{-14}\text{F} \tag{7-22}$$

由式(7-10)可得等效电感 L_i 为

$$L_i = \frac{1}{\omega_i^2 C_i} = 1.669 \times 10^4\text{H} \tag{7-23}$$

由式(7-10)可得等效电阻 R_i 为

$$R_i = \frac{1}{Q\omega_i C_i} = 4.721 \times 10^4\,\Omega \tag{7-24}$$

根据谐振子等效电路模型,可得谐振子驱动模态的驱动电压到检测电压的传递函数为

$$H_d(s) = \frac{U_{\text{ds}}(s)}{U_p(s)} = \frac{1}{R_i + sL_i + \dfrac{1}{sC_i}} \cdot \frac{n_I}{sC_0}$$

$$= \frac{1}{L_i C_i s^2 + R_i C_i s + 1} \cdot \frac{n_I C_i}{C_0} \tag{7-25}$$

将式(7-20)~式(7-24)所得等效电路参数代入式(7-25),可以得到谐振子驱动模态从驱动电压到检测电压的传递函数为

$$H_d(s) = \frac{1.777 \times 10^{-5}}{1.620 \times 10^{-9}s^2 + 4.583 \times 10^{-9}s + 1} \tag{7-26}$$

利用频响曲线辨识出谐振子的等效电路参数,得到谐振子驱动模态的传递函数。

7.3 驱动控制策略

为保证陀螺的高灵敏度和高稳定性,必须在陀螺的驱动控制时,尽量增大驱动模态的振动幅值且保持幅值恒定。本节对圆柱壳体振动陀螺的驱动控制技术进行介绍,主要包括频率控制和幅值控制两个方面。

7.3.1 谐振子驱动模态的谐振激励

谐振子的驱动电压频率对其驱动模态的振动幅值影响很大,只有在驱动电压频率与谐振子的工作模态固有频率相等时,才能获得最大振动幅值,这种特征在谐

振子的品质因数较大时尤为明显。但在陀螺的使用过程中,外界温度变化或材料特性的变化会对谐振子的固有频率产生影响,因此在陀螺的驱动控制过程中要使驱动电压的频率能始终跟踪谐振子驱动模态频率。

由陀螺驱动模态传递函数的相频特性可知,不管驱动模态频率 ω_p 如何变化,在谐振频率处,系统的传递函数的相移始终为 $-90°$。因此,本节介绍一种典型的基于相位控制技术的谐振子自激励方案,使谐振子驱动模态下的传递函数对输入信号的相移保持为 $-90°$,保证驱动电压的频率 ω_p 能够始终跟踪谐振频率 ω_d。

采用相位控制技术的自激励方法信号流图如图 7-9 所示,由谐振子等效电路模块、放大器和移相器组成环路,当环路满足自激振荡条件时,谐振子产生谐振现象。

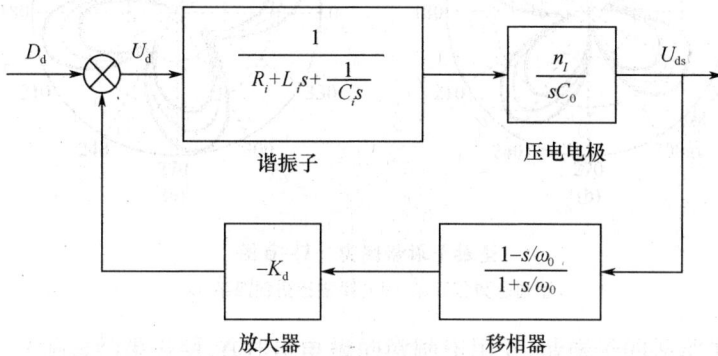

图 7-9 采用相位控制技术的自激励方法信号流图

要使环路产生自激振荡,需要满足幅值平衡条件和相位平衡条件。首先分析自激振荡环路的幅值平衡条件。

由式(7-25)可得,谐振子等效电路模块的增益和相位分别为

$$
\begin{cases}
G_i(\omega) = |H_d(j\omega)| = \dfrac{1}{\sqrt{(1-v_i^2)^2 + \left(\dfrac{v_i}{Q_i}\right)^2}} \cdot \dfrac{n_I C_i}{C_0} \\[4mm]
\varphi_i(\omega) = -\arccos \dfrac{1-v_i^2}{\sqrt{(1-v_i^2)^2 + \left(\dfrac{v_i}{Q_i}\right)^2}}
\end{cases}
\tag{7-27}
$$

式中

$$
Q_i = \frac{1}{R_i}\sqrt{\frac{L_i}{C_i}}; \quad v_i = \frac{\omega}{\omega_i}; \quad \omega_i = \frac{1}{\sqrt{L_i C_i}}
\tag{7-28}
$$

移相器的增益和相位为

$$\begin{cases} G_{s}(\omega) = \left| \dfrac{1 - j\omega/\omega_0}{1 + j\omega/\omega_0} \right| = 1 \\[3mm] \varphi_{s}(\omega) = -\arccos \dfrac{1 - (\omega/\omega_0)^2}{\sqrt{(1 - (\omega/\omega_0)^2)^2 + (2\omega/\omega_0)^2}} \end{cases} \quad (7-29)$$

为了使环路能够自激振荡,整个驱动环路需要满足幅值平衡条件,即

$$G_{\text{loop}} = G_{i}(\omega) \cdot G_{s}(\omega) \cdot K_{d} \geqslant 1 \quad (7-30)$$

由式(7-27)和式(7-29)可知,在任意 ω 下,移相器增益 $G_{s}(\omega) \equiv 1$,当谐振子 Q_i 值较大时,在任意 ω 下,谐振子等效电路模块增益 $G_{i}(\omega) \geqslant \dfrac{n_I C_i}{C_0}$。因此,要使环路增益在任意 ω 下都有 $G_{\text{loop}} \geqslant 1$,则应有

$$K_{d} \geqslant \dfrac{C_0}{n_I C_i} \quad (7-31)$$

这就是谐振子驱动控制回路产生自激振荡的幅值平衡条件。

由于陀螺谐振子的 Q_i 值一般很高,谐振子等效电路模块传递函数的相移在 ω_i 附近变化非常剧烈,同样,移相器对不同频率信号的相移不同,可以在谐振频率 ω_i 附近很小的一个范围内考虑相位平衡条件。假设 $Q_i = 5000$,$\omega_i = \omega_0 = 4000\text{Hz}$ 时,在 $0.995 < \omega/\omega_0 < 1.005$ 范围内,绘制谐振子等效电路模型和移相器的相移如图7-10所示。

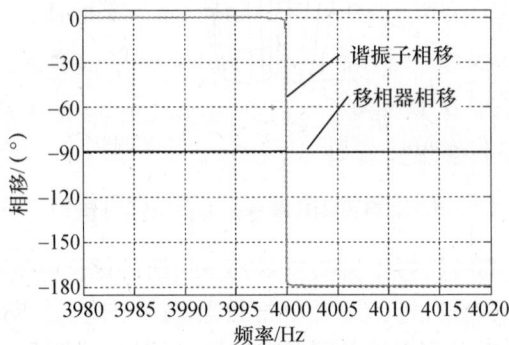

图7-10 谐振子等效电路模型和移相器的相移

从图7-10中可以看出,在该频率范围内,驱动轴传递函数的相移变化很大,而移相器产生的相移近似恒定。为了使环路能够自激振荡,整个驱动环路需要满足相位平衡条件,即

$$\varphi_{\text{loop}} = \varphi_{i}(\omega) + \varphi_{s}(\omega) - \pi = 2n\pi \quad (7-32)$$

在 ω_i 附近,移相器产生的相移取值范围为 $(-\pi, 0)$。谐振子等效电路模块传递函数的相移取值范围为 $(-\pi, 0)$。由式(7-32)可得

$$\varphi_i(\omega) = (2n+1)\pi - \varphi_s(\omega) \tag{7-33}$$

对式(7-33)两边取正切值,得

$$\left(\frac{\omega}{\omega_d}\right)^2 + \frac{1}{Q_d \tan\varphi_s}\frac{\omega}{\omega_d} - 1 = 0 \tag{7-34}$$

求解式(7-34)可以得到驱动环路的振荡频率 ω_r 为

$$\frac{\omega_r}{\omega_i} = \frac{-1}{2Q_i \tan\varphi_s} + \sqrt{1 + \frac{1}{4Q_i^2(\tan\varphi_s)^2}} \tag{7-35}$$

由式(7-35)可以看出,环路的振荡频率 ω_r 与谐振子品质因数 Q_i 和移相器的相移 φ_s 有关。通过调节移相器的特征频率能够改变环路的振荡频率,这就是相位控制技术的基本原理。

将式(7-35)所得环路谐振频率 ω_r 对应的环路增益与谐振子驱动模态谐振频率 ω_i 对应的环路增益进行比较,即环路增益比:

$$\frac{|H_d(j\omega_r)|}{|H_d(j\omega_i)|} = \frac{1}{Q_i\sqrt{\left(1-\left(\frac{\omega_r}{\omega_i}\right)^2\right)^2 + \left(\frac{1}{Q_i}\frac{\omega_r}{\omega_i}\right)^2}} \tag{7-36}$$

对于品质因数 $Q_i = 8786$,驱动模态谐振频率 $\omega_i = 3954\text{Hz}$ 的陀螺谐振子而言,环路的振荡频率 ω_r 与移相器相移 φ_s 和环路增益比的关系曲线如图7-11所示。

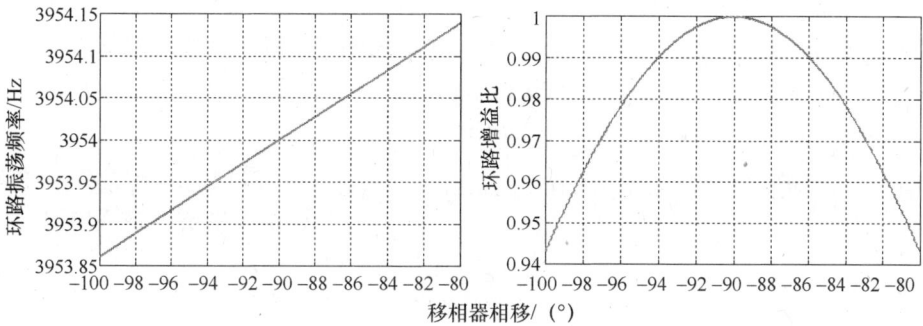

图7-11 环路的振荡频率 ω_r 与移相器相移 φ_s 和环路增益比的关系曲线

由图7-11可以看出,当移相器的相移在 $-100° \sim -80°$ 范围内变化,环路的谐振频率与谐振子驱动模态频率的最大差值仅为0.14Hz左右,此时环路的增益约为谐振了驱动模态谐振频率 ω_i 对应的环路增益的94.4%,说明驱动环路基本处于谐振状态。

综上所述,采用基于相位控制技术的自激励方法,驱动环路的振荡频率与谐振子驱动模态谐振频率非常接近,可保证驱动环路处于谐振状态,且移相器的扰动对驱动环路的增益影响较小,保证了驱动环路的频率稳定性。

7.3.2 谐振子驱动模态的稳幅控制

上一节介绍了基于相位控制技术的谐振子自激励驱动环路的相位平衡条件和幅值平衡条件,当整个环路的增益大于 1,则谐振建立后,环路信号幅值将很快增大,最后达到饱和,因此需要增加环路的增益控制使环路稳定振荡的增益为 1。此外,在陀螺使用过程中,谐振子的品质因数和谐振频率会随着温度、热应力、阻尼等因素变化,使得驱动轴振动幅值随之变化,因此还要设计振动幅值控制环节,使谐振子的驱动模态振动幅值保持恒定,确保陀螺最终获得高的零偏稳定性和线性度。

根据圆柱壳体振动陀螺的工作原理,谐振子的振动幅值可以通过驱动模态检测压电电极的输出电压来检测,因此,将驱动模态下压电电极的输出电压作为振幅闭环控制的控制量。谐振子闭环驱动控制信号流图如图 7-12 所示。

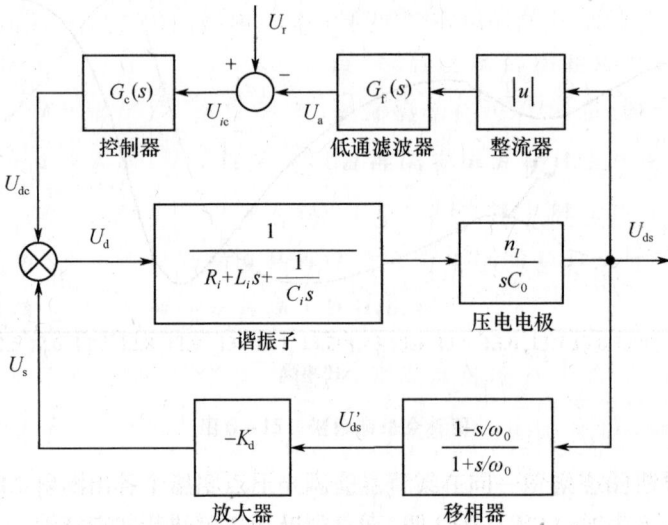

图 7-12 谐振子闭环驱动控制信号流图

图 7-12 是在不改变谐振环路相位特性的前提下,在谐振激励环路的基础上增加了整流器、低通滤波器和控制器 3 个模块,构成自动增益控制回路(AGC)。谐振子驱动模态的检测电压 U_{ds} 通过整流器、低通滤波器,获得谐振子振动幅值信号 U_a,与参考信号 U_r(谐振子的振幅控制目标)叠加作为控制器的输入信号,控制器输出信号 U_{dc} 与谐振频率信号 U_s 调制,形成谐振子驱动模态的驱动信号 U_d。

整个谐振子振幅控制系统存在整流器等非线性环节,是一个非线性系统,为了简化控制器的设计,这里采用提取信号幅值的办法将系统变换为线性系统,解决非线性系统不宜求解的问题。

在驱动环路达到稳定的状态下，即有 $\omega_r \approx \omega_i$，此时移相器输出的基频信号为 $U_s\sin\omega_i t$，假设控制器输出为阶跃信号 $U_{dc} = u(t)$，则有谐振子驱动模态的驱动信号 $U_d = u(t)U_s\sin\omega_i t$。

由式(7-25)得到框图7-12中谐振子等效电路模块的传递函数为

$$\frac{U_{ds}(s)}{U_d(s)} = \frac{1}{L_iC_is^2 + R_iC_is + 1} \cdot \frac{n_IC_i}{C_0} \qquad (7-37)$$

则有

$$U_{ds}(s) = \frac{1}{L_iC_is^2 + R_iC_is + 1} \cdot \frac{n_IC_i}{C_0}U_d(s)$$

$$= \frac{1}{L_iC_is^2 + R_iC_is + 1} \cdot \frac{n_IC_i}{C_0} \frac{U_s\omega_i}{s^2 + \omega_i} \qquad (7-38)$$

对式(7-36)反拉普拉斯变换后得到：

$$U_{ds}(t) \approx U_s \frac{n_IC_iQ_i}{C_0}\left(-\cos\omega_i t + e^{\left(-\frac{\omega_i t}{2Q_i}\right)}\cosh\left(\frac{t\sqrt{(1-4Q_i^2)\omega_i^2}}{2Q_i}\right)\right) \qquad (7-39)$$

陀螺谐振子的品质因数远大于1，因此上式可简化为：

$$U_{ds}(t) \approx U_s \frac{n_IC_iQ_i}{C_0}\left(-1 + e^{\left(-\frac{\omega_i t}{2Q_i}\right)}\right)\cos\omega_i t \qquad (7-40)$$

$U_{ds}(t)$经过整流器和低通滤波器之后，忽略其高频分量，得到幅值信号 $U_a(t)$ 的拉普拉斯变换为

$$U_a(s) = \frac{1}{s}\frac{2}{\pi}U_s\frac{n_IC_iQ_i}{C_0}\frac{\omega_i/2Q_i}{s + \omega_i/2Q_i}G_f(s) \qquad (7-41)$$

对控制器 $G_c(s)$ 而言，整个被控对象的传递函数为

$$G_d(s) = \frac{U_{ic}(s)}{U_{dc}(s)} = \frac{2}{\pi}U_s\frac{n_IC_iQ_i}{C_0}\frac{\omega_i/2Q_i}{s + \omega_i/2Q_i}G_f(s)$$

$$= K_e\frac{\omega_e}{s + \omega_e}G_f(s) \qquad (7-42)$$

式中：K_e 为等效比例系数；ω_e 为等效频率。

由式(7-42)可以看出，被控对象 $G_d(s)$ 为等效线性模型。

定义低通滤波器的传递函数为

$$G_f(s) = \frac{\omega_f}{s + \omega_f} \qquad (7-43)$$

则图7-12的控制信号流图可以等效为图7-13所示的幅值闭环控制信号流图。

图7-13中所示驱动系统的闭环传递函数为

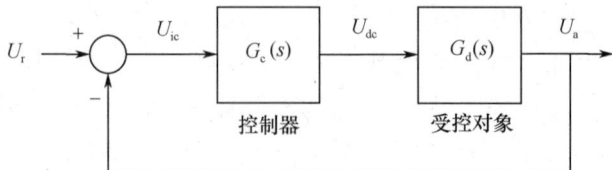

图 7-13 谐振子驱动模态幅值闭环控制信号流图

$$T_{\mathrm{d}}(s) = \frac{U_{\mathrm{a}}(s)}{U_{\mathrm{r}}(s)} = \frac{G_{\mathrm{c}}(s)G_{\mathrm{d}}(s)}{1+G_{\mathrm{c}}(s)G_{\mathrm{d}}(s)} \tag{7-44}$$

选用经典 PID 控制器作为圆柱壳体振动陀螺谐振子驱动模态振幅控制器,假设 PID 控制器的传递函数为

$$G_{\mathrm{c}}(s) = K_1 + K_2\frac{1}{s} + K_3 s \tag{7-45}$$

将式(7-42)、式(7-43)和式(7-45)代入式(7-44),闭环系统传递函数具有如下形式:

$$
\begin{aligned}
T_{\mathrm{d}}(s) &= \frac{\left(K_1 + K_2\dfrac{1}{s} + K_3 s\right)\left(K_{\mathrm{e}}\dfrac{\omega_{\mathrm{e}}}{s+\omega_{\mathrm{e}}}\dfrac{\omega_{\mathrm{f}}}{s+\omega_{\mathrm{f}}}\right)}{1+\left(K_1 + K_2\dfrac{1}{s} + K_3 s\right)\left(K_{\mathrm{e}}\dfrac{\omega_{\mathrm{e}}}{s+\omega_{\mathrm{e}}}\dfrac{\omega_{\mathrm{f}}}{s+\omega_{\mathrm{f}}}\right)}\\[2mm]
&= \frac{K_3 K_{\mathrm{e}}\omega_{\mathrm{e}}\omega_{\mathrm{f}}s^2 + K_1 K_{\mathrm{e}}\omega_{\mathrm{e}}\omega_{\mathrm{f}}s + K_2 K_{\mathrm{e}}\omega_{\mathrm{e}}\omega_{\mathrm{f}}}{s^3 + (\omega_{\mathrm{e}}+\omega_{\mathrm{f}}+K_3 K_{\mathrm{e}}\omega_{\mathrm{e}}\omega_{\mathrm{f}})s^2 + (1+K_1 K_{\mathrm{e}})\omega_{\mathrm{e}}\omega_{\mathrm{f}}s + K_2 K_{\mathrm{e}}\omega_{\mathrm{e}}\omega_{\mathrm{f}}}
\end{aligned}
\tag{7-46}
$$

引入 ITAE 性能指标作为控制器设计的优化目标,ITAE 性能指标指的是时间与绝对误差乘积的积分,在鲁棒 PID 设计中经常采用。对阶跃响应而言,闭环传递函数特征多项式最优系数,如表 7-2 所列。

表 7-2 基于 ITAE 性能指标的优化特征多项式

系统阶次	优化特征多项式
一阶	$s+\omega_0$
二阶	$s^2 + 1.4\omega_0 s + \omega_0^2$
三阶	$s^3 + 1.75\omega_0 s^2 + 2.15\omega_0^2 s + \omega_0^3$
四阶	$s^4 + 2.1\omega_0 s^3 + 3.4\omega_0^2 s^2 + 2.7\omega_0^3 s + \omega_0^4$
五阶	$s^5 + 2.8\omega_0 s^4 + 5\omega_0^2 s^3 + 5.5\omega_0^3 s^2 + 3.4\omega_0^4 s + \omega_0^5$

基于 ITAE 性能指标的 PID 控制器的设计过程为:①根据闭环系统调节时间和阻尼比的要求,确定闭环系统的固有频率 $\omega_0(T_s/\zeta\omega_0)$;②根据闭环系统的阶次选定最佳闭环传递函数 $T(s)$,然后确定 PID 控制器的 3 个参数;③确定合适的前置滤波器,使得系统没有零点。

由式(7-45)可以看出谐振子驱动控制系统为三阶闭环系统,根据表7-2中基于 ITAE 性能指标的三阶优化特征多项式可得,闭环系统最优传递函数为

$$T_{\mathrm{d}}(s) = \frac{\omega_0^3}{s^3 + 1.75\omega_0 s^2 + 2.15\omega_0^2 s + \omega_0^3} \qquad (7-47)$$

对比式(7-46)和式(7-47),得

$$\begin{cases} (\omega_{\mathrm{e}} + \omega_{\mathrm{f}} + K_3 K_{\mathrm{e}} \omega_{\mathrm{e}} \omega_{\mathrm{f}}) = 1.75\omega_0 \\ (1 + K_1 K_{\mathrm{e}}) \omega_{\mathrm{e}} \omega_{\mathrm{f}} = 2.15\omega_0^2 \\ K_2 K_{\mathrm{e}} \omega_{\mathrm{e}} \omega_{\mathrm{f}} = \omega_0^3 \end{cases} \qquad (7-48)$$

根据圆柱壳体振动陀螺启动时间的要求确定 ω_0,闭环系统固有频率与系统调解时间和阻尼比的关系为

$$T_{\mathrm{s}} = 4/\zeta\omega_0 \qquad (7-49)$$

通过辨识的谐振子驱动模态传递函数,可求得用于振动幅值控制的 PID 参数,进而可以确定 PID 控制器硬件电路中的各项参数。

7.4　检测控制策略

7.4.1　谐振子力平衡控制技术

由圆柱壳体振动陀螺工作原理可知,陀螺敏感轴角速度激励出谐振子的驱动模态后,通过检测敏感模态的振动,即能解算出外界角速度大小。然而,圆柱壳体振动陀螺驱动模态和敏感模态频率一致,且谐振子的品质因数很高,采用其他振动陀螺的角速度信号获取方式,即直接将谐振子敏感模态振动作为输出解算角速度的方式,会降低陀螺的动态性能,产生一定的非线性。本节将介绍圆柱壳体振动陀螺力平衡控制回路,通过对谐振子敏感模态对应的压电电极施加控制电压抑制谐振子的敏感模态振动,并将力平衡控制电压信号作为输出,解算出外界角速度,以提高陀螺的工作带宽和线性度[2,3]。

由于谐振子敏感模态的固有频率与谐振子的驱动信号频率一致,且谐振子的机械品质因数较大,因此谐振子在科里奥利力的作用下会产生较大幅值的振动,且与谐振子的驱动模态振动同相位,对驱动模态的稳定性产生影响。当陀螺输入非恒定角速度信号时,谐振子敏感模态稳定时间较长,影响陀螺的角速度信号输出。力平衡控制回路的功能是通过对谐振子施加控制电压产生驱动力矩,以抵消科里奥利力矩所激励出的谐振子的敏感模态,即在任何角输入速度条件下都使谐振子敏感模态压电电极输出电压为零,且谐振子稳定时间极短,可有效增加陀螺的工作带宽。谐振子力平衡控制及角速度检测系统信号流图如图7-14所示。

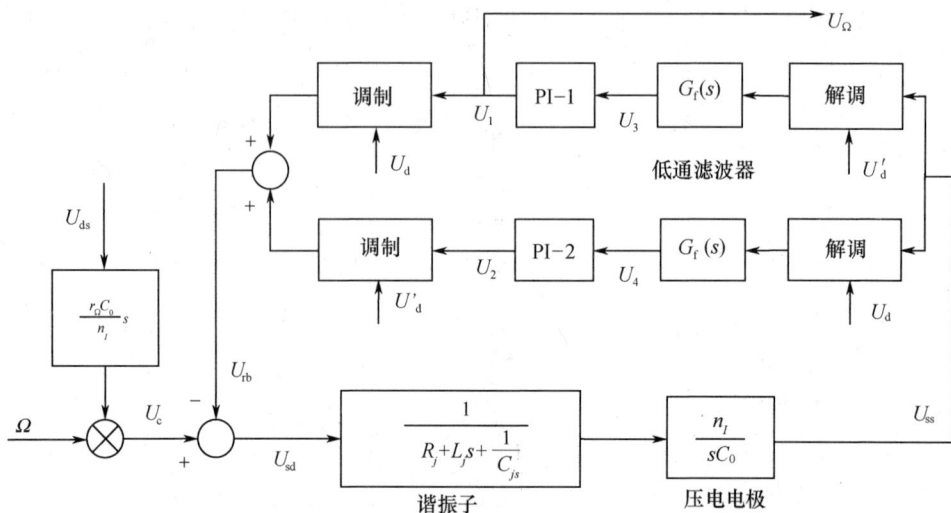

图 7-14 谐振子力平衡控制及角速度检测系统信号流图

由谐振子等效电路模型可知,科里奥利力产生谐振子敏感模态振动,可等效为敏感模态的驱动电压。虽然圆柱壳体振动陀螺的驱动模态基本处于谐振状态,但陀螺测控电路的误差会导致谐振子驱动模态输出电压与理论值存在少量的相位误差,根据式(7-16)和式(7-18)可得科里奥利力等效电压为

$$U_{c}(t) = \Omega I_i r_\Omega = \Omega \frac{r_\Omega C_0}{n_I} \frac{\mathrm{d}U_{ds}(t)}{\mathrm{d}t}$$

$$= U_{c1}\sin\omega_i t + U_{c2}\cos\omega_i t \qquad (7-50)$$

因此,在力平衡回路设计上考虑非理想条件下科里奥利力等效电压的作用,即采用两条 PI 控制支路分别对 $U_{c1}\sin\omega_i t$ 和 $U_{c2}\cos\omega_i t$ 进行力平衡。整个谐振子力平衡控制回路存在解调和调制等非线性环节,是一个非线性系统,为了简化控制器的设计,这里同样采用提取信号幅值的办法将系统变换为线性系统。

以 PI 控制回路 1 为例,假设控制器输出为阶跃信号 $U_1 = u(t)$,则有谐振子敏感模态的驱动信号 $U_{sd} = u(t)U_d\sin\omega_i t$。

同理,有

$$U_{ss}(t) \approx U_d \frac{n_I C_i Q_i}{C_0}\left(-1 + \mathrm{e}^{\left(-\frac{\omega_i t}{2Q_i} \right)} \right)\cos\omega_i t \qquad (7-51)$$

$U_{ss}(t)$ 经过解调和低通滤波器之后,忽略其高频分量,得到 PI 控制器的输入信号 $U_3(t)$ 的拉普拉斯变换为

$$U_3(s) = U_d \frac{n_I C_i Q_i}{C_0} \frac{1}{s} \frac{\omega_i/2Q_i}{s + \omega_i/2Q_i} G_f(s) \qquad (7-52)$$

136

对 PI 控制器 $G_c(s)$ 而言,整个被控对象的传递函数为

$$G_s(s) = \frac{U_3(s)}{U_1(s)} = U_s \frac{n_I C_i Q_i}{C_0} \frac{\omega_i/2Q_i}{s + \omega_i/2Q_i} G_f(s)$$

$$= K_s \frac{\omega_e}{s + \omega_e} G_f(s) \qquad (7-53)$$

式中:K_e 为等效比例系数;ω_e 为等效频率。可见被控对象 $G_s(s)$ 为等效线性模型。

选用 PI 控制器作为圆柱壳体振动陀螺谐振子力平衡控制器,假设两个 PI 控制器的传递函数分别为

$$\begin{cases} G_{c1}(s) = K_1 + K_2 \dfrac{1}{s} \\ G_{c2}(s) = K_3 + K_4 \dfrac{1}{s} \end{cases} \qquad (7-54)$$

定义低通滤波器的传递函数为

$$G_f(s) = \frac{\omega_f}{s + \omega_f} \qquad (7-55)$$

参考式(7-47)可得图 7-14 中所示系统的闭环传递函数为

$$T_s(s) = \frac{U_{rb}(s)}{U_c(s)} = \frac{G_{c1}(s) G_s(s)}{1 + G_{c1}(s) G_s(s)} \qquad (7-56)$$

将式(7-53)、式(7-54)和式(7-55)代入式(7-56)闭环系统传递函数具有如下形式:

$$T_s(s) = \frac{\left(K_1 + K_2 \dfrac{1}{s}\right)\left(K_s \dfrac{\omega_e}{s + \omega_e} \dfrac{\omega_f}{s + \omega_f}\right)}{1 + \left(K_1 + K_2 \dfrac{1}{s}\right)\left(K_s \dfrac{\omega_e}{s + \omega_e} \dfrac{\omega_f}{s + \omega_f}\right)}$$

$$= \frac{K_1 K_s \omega_e \omega_f s + K_2 K_e \omega_e \omega_f}{s^3 + (\omega_e + \omega_f) s^2 + (1 + K_1 K_s) \omega_e \omega_f s + K_2 K_s \omega_e \omega_f}$$

$$(7-57)$$

在力平衡回路的 PI 控制器的设计中,也可采用 ITAE 性能指标作为优化目标,参考表 7-2,可以看出力平衡控制系统最优传递函数也为式(7-54)所示。

通过辨识的谐振子驱动模态传递函数,即可求得用于力平衡控制的 PI 参数,进而可以确定力平衡控制回路的硬件电路中的各项参数。

同理,力平衡控制回路 2 的 PI 控制器也可采用上述方法进行设计,这是由于用于力平衡的两路解调信号和调制信号仅存在相移变化,而频率和幅值均无差异。

7.4.2　角速度信号检测技术

当陀螺的敏感轴有角速度输入时,谐振子所受的科里奥利力将激励出谐振子敏感模态,因此谐振子敏感模态振动包含输入角速度信息。

由谐振子力平衡控制原理可知,谐振子力平衡控制回路的任意位置的信号幅值都包含输入角速度信息。因此,可以通过将力平衡控制回路的信号与陀螺驱动模态信号解调的方法来提取角速度信息。

力平衡控制回路的 PI 解调调制支路都具备这样的解调功能,圆柱壳体振动陀螺谐振子的驱动模态频率和敏感模态频率应非常接近,且谐振子具有较高的机械品质因数,陀螺角速度信号应通过驱动信号相移90°解调。因此,可直接选取PI-1控制器输出的直流量作为角速度信号,如图 7-15 所示。

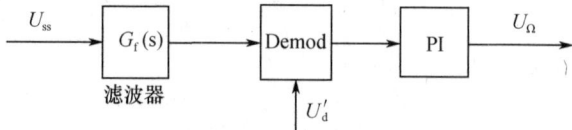

图 7-15　角速度检测系统信号流图

7.5　数字化电路简介

7.5.1　测控电路总体方案

按照圆柱壳体振动陀螺驱动和检测的特点,其测控电路按功能分成信号调理模块、数模信号接口模块和数字信号处理模块三部分,如图 7-16 所示,其中左侧线框内为模拟硬件电路,由信号调理模块,其中包括放大电路、单端转差分电路、有源低通滤波器等构成;中间线框内代表了由数模转换器和模数转换器组成的模拟信号与数字信号之间的接口;右侧线框则代表数字电路组成的数字信号处理模块[4]。

对于电压信号的放大采用了高精度仪表放大器实现,低通滤波器则采用了精密运算放大器构造的有源滤波器实现,以上电路的原理相对简单,应用也较为广泛,相关研究十分成熟,这里不再作详细讨论。

设计中运用硬件和软件结合的方式实现高精度正弦驱动信号,驱动和检测环路的同步解调也采用数字方式实现。此外,数字部分还实现了数字 PI 控制器、数字调制、数字滤波器、硬件电路逻辑控制以及若干误差补偿单元。其中,驱动闭环控制和角速度提取是整个测控系统的核心部分,也是决定陀螺性能的关键。下面

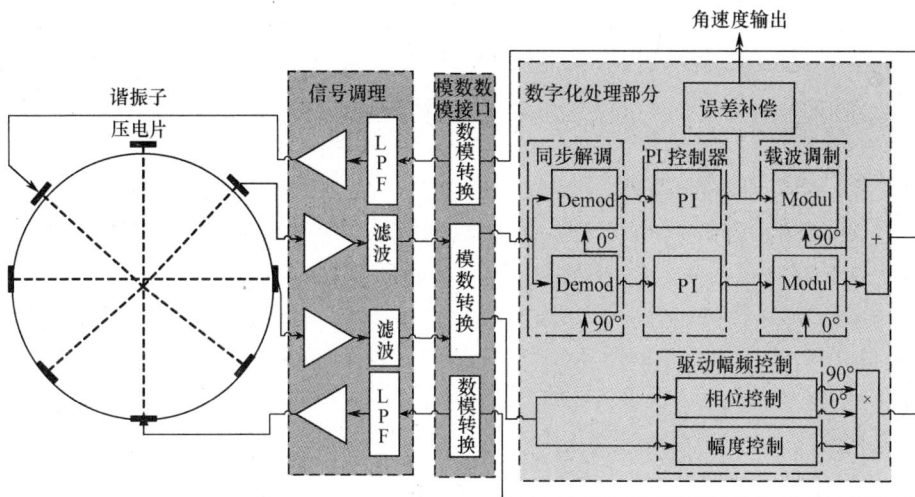

图 7 – 16   圆柱壳体振动陀螺测控电路总体方案框图

分别介绍所采用的驱动闭环控制方案和角速度闭环检测方案,前者实现驱动闭环控制,保证陀螺稳定的工作在模态谐振点,后者实现角速度提取与解算。

7.5.2   驱动闭环控制原理

驱动环路控制包括陀螺的驱动模态振动频率和振动幅值控制两个方面。频率闭环控制的目的是使驱动信号的频率跟踪驱动模态固有谐振频率的变化,使驱动模态振动幅值最大,从而提高陀螺的检测灵敏度;幅值控制的目的是使得陀螺谐振子恒幅振动,提高陀螺检测的稳定性。

从动力学角度,可以将圆柱壳体振动陀螺两个模态等效为弹簧 – 质量 – 阻尼的二阶系统。x 轴向和 y 轴向振荡器质量分别记为 m_x 和 m_y,k_x 和 D_x 分别表示陀螺 x 轴方向的弹性系数与阻尼系数,k_y 和 D_y 分别表示 y 轴方向的弹性系数与阻尼系数,于是系统的二维运动方程可以写为

$$\begin{bmatrix} m_x & 0 \\ 0 & m_y \end{bmatrix} \begin{bmatrix} \ddot{x} \\ \ddot{y} \end{bmatrix} + \begin{bmatrix} D_x & 0 \\ 0 & D_y \end{bmatrix} \begin{bmatrix} \dot{x} \\ \dot{y} \end{bmatrix} + \begin{bmatrix} k_x & 0 \\ 0 & k_y \end{bmatrix} \begin{bmatrix} x \\ y \end{bmatrix} = \begin{bmatrix} F_x \\ F_y \end{bmatrix} \tag{7 – 58}$$

式中:F_x,F_y 分别为 x 和 y 轴向驱动力;F_x 为外界施加在圆柱壳体振动陀螺驱动轴上的力;F_y 为耦合到检测端的科里奥利力。

当驱动轴的激励产生的驱动力 $F_x = F_d \sin\omega_d t$ 时,驱动模态的振动位移为

$$x(t) = A_x \sin(\omega_d t - \varphi_d) \tag{7 – 59}$$

式中

139

$$A_x = \frac{F_d/m}{\sqrt{(\omega_{dx}^2 - \omega_d^2)^2 + \omega_{dx}^2 \omega_d^2 / Q_x^2}} \tag{7-60}$$

$$\varphi_d = \arctan \frac{\omega_{dx}\omega_d}{(\omega_{dx}^2 - \omega_d^2)Q_x} \tag{7-61}$$

式中：$\omega_{dx} = \sqrt{k_x/m}$ 为驱动模态的谐振频率；$Q_x = \sqrt{k_x m}/D_x$ 为驱动模态的品质因子。

驱动端输出信号的相位为 φ_d，经解调后可以得到振动位移信号的相位如式(7-61)所示。由于电路中线路的固有延迟以及各滤波器的相位延迟，使得解调后得到的相位信号包括了驱动模态引起的相位 φ_d 和其他所有因素引起的附加相位延迟，假设这个附加延迟为 φ_{delay}，所以解调后得到的相位为

$$\varphi = \varphi_{delay} + \varphi_d \tag{7-62}$$

联立式(7-61)和式(7-62)，得

$$\tan(\varphi_{delay} - \varphi) = \frac{\omega_{dx}\omega_d}{(\omega_{dx}^2 - \omega_d^2)Q_x} = \frac{(\omega_{dx}\omega_d)/\omega_{dx}^2}{Q_x(\omega_{dx}^2 - \omega_d^2)/\omega_{dx}^2} = \frac{1}{Q_x}\frac{\omega_d/\omega_{dx}}{1 - (\omega_d/\omega_{dx})^2} \tag{7-63}$$

整理，得

$$\left(\frac{\omega_d}{\omega_{dx}}\right)^2 + \frac{1}{\tan(\varphi_{delay} - \varphi) \cdot Q_x} \cdot \left(\frac{\omega_d}{\omega_{dx}}\right) - 1 = 0 \tag{7-64}$$

由前面描述 φ_{delay} 的产生原因可知，其大小是相对固定的，所以在实际电路中可以通过硬件或者软件的方式抵消掉，于是可以假设 $\varphi_{delay} = 0$，得

$$\frac{\omega_d}{\omega_{dx}} = \frac{-1/(\tan\varphi \cdot Q_x) + \sqrt{1/(\tan\varphi \cdot Q_x)^2 + 4}}{2} \tag{7-65}$$

由于 Q_x 一般为几千甚至上万，所以由式(7-65)可知，当 $\varphi = \pi/2$ 时，$\varphi_d/\omega_{dx} = 1$，即说明无论 Q_x 为何值，当所加驱动频率等于驱动模态的谐振频率时，驱动模态引起的相位为 $\pi/2$，因此反推可知，无论 Q_x 为何值，当模态引起的相位为 $\pi/2$ 时，此时所加的驱动频率和驱动模态谐振频率相等，陀螺谐振子处于谐振状态。因此，可以利用相位控制实现驱动中频电压信号的频率 ω_d 对驱动模态谐振频率 ω_{dx} 的跟踪。

以上是对驱动环路频率闭环控制的原理分析，而对于幅值控制，驱动模态振动位移信号的幅值 A_x 正比于驱动力 F_d，F_d 由压电片经过压电变换产生，所以其大小又正比于驱动压电电极的正弦电压幅值 U_{input}，因此，通过解调出 F_d 以判断振动幅值的大小，通过调整驱动电压 U_{input} 以控制陀螺谐振子恒幅振动，从而实现幅值的闭环控制。由以上分析，可以得到驱动环路闭环控制的实现原理，如图 7-17 所示。

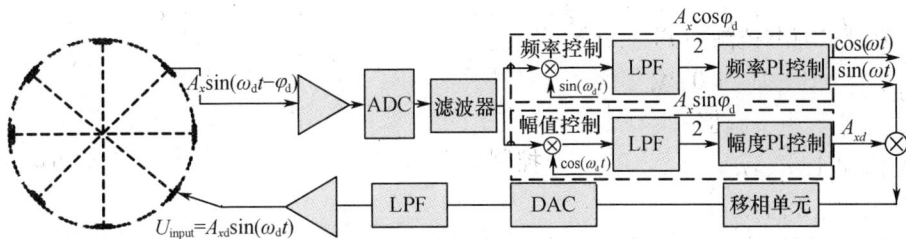

图 7 - 17　正交驱动控制方案原理

　　正交解调能有效提取控制目标,使得后面的 PI 控制实现更简单,从而更有效地对驱动环路进行控制。其具体原理包括解调乘法、低通滤波等部分,如图 7 - 18 所示,其中,$\sin(\omega_d)$、$\cos(\omega_d)$ 是跟随驱动频率变化但初相位固定的数字参考信号。

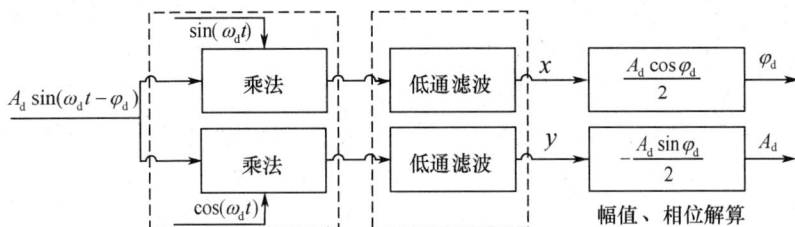

图 7 - 18　驱动轴振动幅值、相位提取原理图

于是有第一路:

$$A_d\sin(\omega_d t - \varphi_d)\sin(\omega_d t) = \frac{A_d\cos\varphi_d}{2} - \frac{A_d\cos(2\omega_d t - \varphi_d)}{2} \qquad (7-66)$$

经过滤波之后可以得到:

$$x = \frac{A_d\cos\varphi_d}{2} \qquad (7-67)$$

第二路有:

$$A_d\sin(\omega_d t - \varphi_d)\cos(\omega_d t) = -\frac{A_d\sin\varphi_d}{2} + \frac{A_2\sin(2\omega_d t - \varphi_d)}{2} \qquad (7-68)$$

经过滤波,有

$$y = -\frac{A_d\sin\varphi_d}{2} \qquad (7-69)$$

当驱动信号频率等于驱动模态频率时有 $\varphi_d = \pi/2$,所以,理论上 $x = \frac{A_d\cos\varphi_d}{2} = 0$,而 $y = -\frac{A_d}{2}$。

由此对于频率控制的 PI 控制器,理想情况下,可设定其控制目标值为零,当闭环进入稳定状态,即 $x=0$,就可以认为陀螺谐振子达到了谐振状态。当陀螺进入谐振状态,开始进行幅值控制,此时 y 的值如果和设定的目标幅值有差异,由此产生的误差,通过 PI 控制器会产生一个控制量去调节驱动信号的幅值,从而使得陀螺保持恒定的幅值振动。

当由于外界因素或者自身因素造成模态频率漂移,此时驱动信号的频率便不再等于模态频率,从而会引起 φ_d 的变化,也即造成 $x \neq 0$,从而产生误差 Δx,通过 PI 控制器会产生一个频率控制量来调整驱动信号的频率,使其跟随模态频率的变化。

7.5.3 角速度闭环检测原理

对于调制了外界角速度 Ω_z 的振动电压信号,通过解调滤波后得到的直流量即正比于外界角速度大小 Ω_z,接下来利用标定出的标度因数,就能换算出输入角速度 Ω_z 大小。

检测信号的解调都是采用数字化的方式进行,采用类似于锁定放大的解调方案,如图 7 - 19 所示。

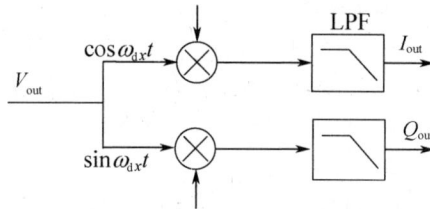

图 7 - 19　正交锁定放大的解调方案

其中解调信号仍然采用数字部分生成的参考信号 $\sin\omega_{dx}t$ 和 $\cos\omega_{dx}t$,其频率 ω_{dx} 已经稳定地跟随驱动模态频率。检测回路各部分引起的固定附加相位延迟同驱动环路已经被预先抵消掉,于是得到最基本的检测环路原理框图如图 7 - 20 所示。

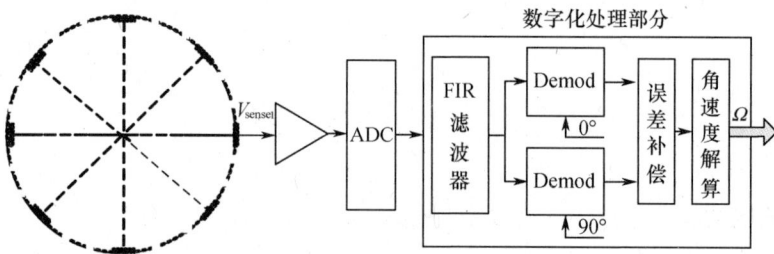

图 7 - 20　角速度开环检测原理框图

检测输出端振动信号 V_{sense1} 可表示为

$$V_{\text{sense1}}(t) = K\Omega_Z \sin(\omega_{\text{dx}}t + \varphi_{\text{sense}}) + V_Q \sin(\omega_{\text{dx}}t + \varphi_q) + V_I \sin(\omega_{\text{dx}}t + \varphi_{\text{sense}})$$

$$(7-70)$$

式中：$V_Q \cos(\omega_{\text{dx}}t + \varphi_q)$ 为正交误差信号；φ_q 是由于非理想因素以及检测轴和驱动轴的耦合引起的相位变化；$V_I \sin(\omega_{\text{dx}}t + \varphi_{\text{sense}})$ 为同相误差信号，$K\Omega_Z \sin(\omega_{\text{dx}}t + \varphi_{\text{sense}})$ 为角速度耦合信号。

通过 $\cos\omega_{\text{dx}}t$ 解调和滤波之后可以得到：

$$I_{\text{out}} = K\Omega_Z \sin\varphi_{\text{sense}} + V_Q \sin\varphi_q + V_I \sin\varphi_{\text{sense}} \qquad (7-71)$$

通过 $\sin\omega_{\text{dx}}t$ 解调和滤波，得

$$Q_{\text{out}} = -K\Omega_Z \cos\varphi_{\text{sense}} - V_Q \cos\varphi_q - V_I \cos\varphi_{\text{sense}} \qquad (7-72)$$

当陀螺处于谐振状态时，由前面的分析可以知道 $\varphi_{\text{sense}} = \dfrac{\pi}{2}$，而理想情况下 $\varphi_q = \pi$ 或者 $-\pi$，所以由式（7-71）和式（7-72）分别可以得到：$I_{\text{out}} = K\Omega_Z + V_I$，$Q_{\text{out}} = -V_Q$，$I_{\text{out}}$ 随角速度 Ω_Z 线性变化，Q_{out} 是正交误差信号分量。

由于开环检测抗干扰能力比较差，精度比较低，所以在陀螺测控系统中一般不采用开环检测。闭环检测采用了力反馈方式，把输出量与输入量进行比较，构成了一个闭环控制回路，提高了系统的频率响应带宽、量程和精度。力反馈方式闭环原理框图如图 7-21 所示。

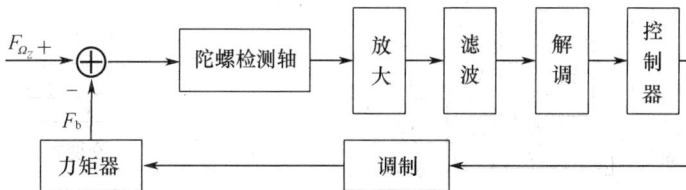

图 7-21 力反馈方式闭环原理框图

当外界的角速率 Ω_Z 存在时，正比于外界角速度的科里奥利力，将使得陀螺谐振子的检测轴发生形变，通过采样当前的振动电压信号，产生反馈电压信号作用在力矩器上，使其产生相反的力 F_b，驱动陀螺的检测轴产生与科里奥利力引起形变的相反形变，从而抑制陀螺检测轴的振动，提高检测轴的动态响应范围，增加了陀螺的带宽和检测精度。由于施加的反馈力和科里奥利力大小相等方向相反，因此通过读取该反馈力的大小，从而可以得到科里奥利力的大小，再通过换算获得外界角速度。

7.5.4 驱动和检测环路软件算法流程

圆柱壳体振动陀螺数字化控制电路软件部分实现了解调、滤波、PI 控制器、驱

143

动信号产生、角速度解算等功能。程序在定时器中断服务程序里完成一次运算,驱动环路和检测环路的软件执行流程稍微有一些不同,驱动环路软件流程图如图 7 - 22(a)所示,而检测流程如图 7 - 22(b)所示。

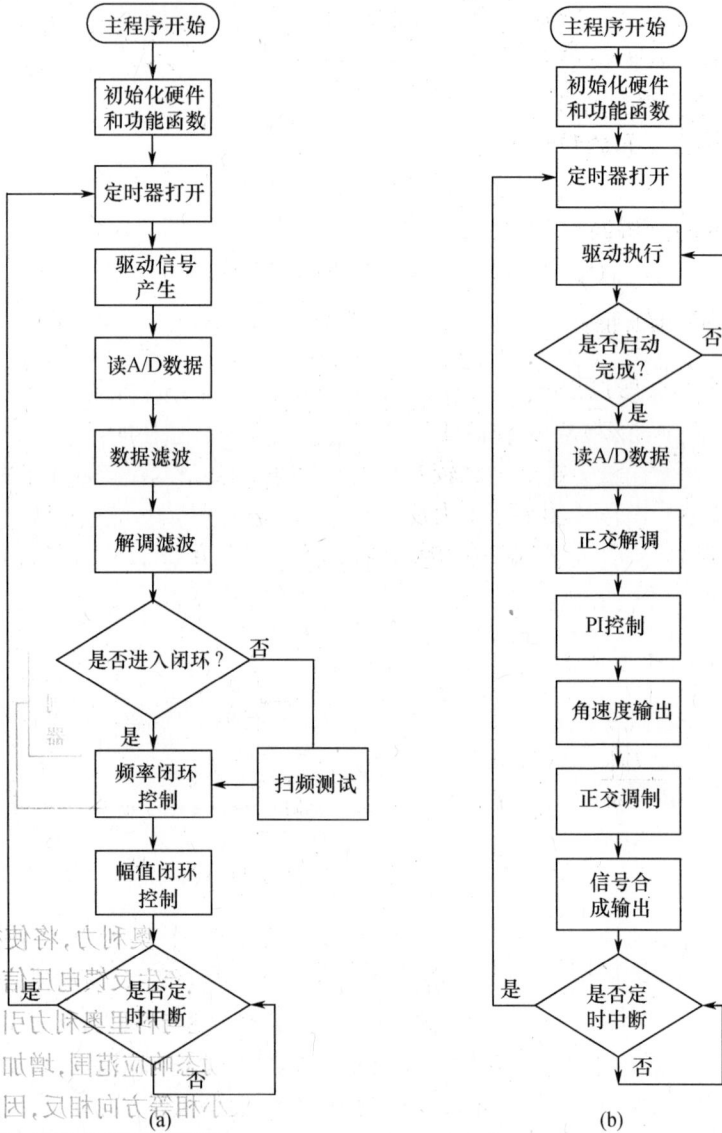

图 7 - 22　驱动和检测环路软件程序流程图
(a) 驱动环路算法流程;(b) 检测环路算法流程。

首先程序启动之后,初始化完成各个函数和硬件模块,然后定时器打开,进入

144

扫频测试模式。当接近驱动频率时程序进入驱动闭环控制模式,此时检测环路并不工作,检测环路控制程序一直等待驱动闭环控制进入稳定状态,这是陀螺整个启动时间中耗时最长的过程。当驱动环路完成启动,此时检测环路闭环控制开始启动,通过读入检测信号输出通道的 A/D 数据、解调、PI 控制和正交调制等一系列数学运算,进而产生力反馈信号以平衡检测轴的振动,当检测轴的振动被抑制到一定水平,标志着整个陀螺启动完成,这两部分时间之和即是陀螺的启动时间。当定时器完成产生中断之后,重新载入定时控制字,重复执行下一次的陀螺控制流程。

参 考 文 献

[1] 陶溢. 杯形波动陀螺关键技术研究[D]. 长沙:国防科学技术大学, 2011.

[2] WANG X, WU W, LUO B, et al. force to rebalance control of HRG and suppression of its errors on the basis of FPGA[J]. Sensors, 2011,11(12):11761 –11773.

[3] CUI J, GUO Z Y, ZHAO Q C, et al. Force rebalance controller synthesis for a micromachined vibratory gyroscope based on sensitivity margin specifications[J]. Journal of Microelectromechanical Systems, 2011,20(6):1382 –1394.

[4] 谢迪. 杯形波动陀螺数字化测控技术研究[D]. 长沙:国防科学技术大学, 2011.

第8章 圆柱壳体振动陀螺的
误差机理与补偿

在理想情况下,当输入角速度为零时,陀螺的输出也为零。然而,由于陀螺本身存在难以克服的制造误差、材料缺陷、结构应力以及驱动电路元器件的非理想性等因素,实际上,即使没有角速度输入,陀螺的输出也不为零,此时的输出,即为陀螺的零偏。恒定的零偏可以通过软件补偿来消除,因此对导航系统的应用没有影响,然而零偏的不稳定性会导致错误的角速度输出,严重影响导航和姿态控制系统的精度。圆柱壳体振动陀螺的材料特性、结构应力等受环境温度的影响较大,再加上机械结构和测控电路存在随机噪声,导致零偏会随着时间和环境温度等因素的变化而变化[1]。静态情况下,圆柱壳体振动陀螺的长时间稳态输出是一个平稳随机过程。零偏稳定性是圆柱壳体振动陀螺输出量围绕其均值(零偏)的离散程度,反映了静止状态下陀螺输出量变化和波动的程度,通常以度每小时(($°$)/h)为单位。圆柱壳体振动陀螺典型的零偏输出曲线如图8-1所示,主要由零偏漂移和随机噪声两部分构成。

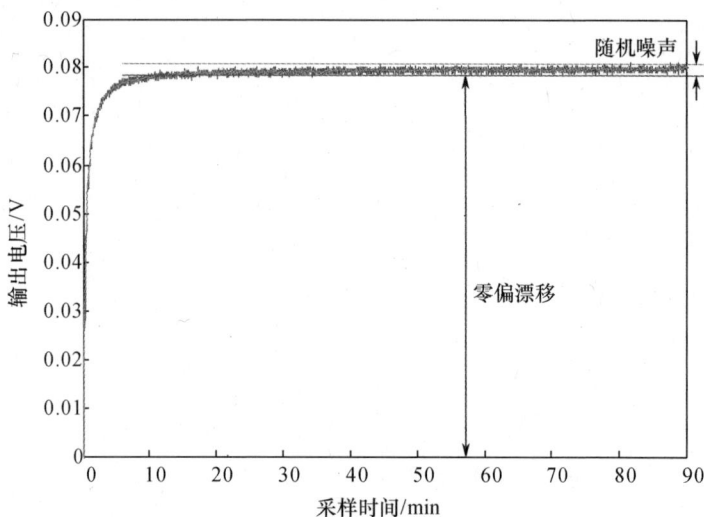

图8-1 典型零偏输出曲线

造成陀螺输出漂移的因素很多,对高精度的惯性导航陀螺而言,引起漂移的主要原因是陀螺自身原理、结构、工艺的不完善等。另一方面原因是线运动和角运动形成的各种干扰,但这些外因仍然是通过内因而起作用的。

8.1 圆柱壳体振动陀螺的主要误差源

8.1.1 谐振子的参数缺陷

1. 材料缺陷

理想的谐振子材料应该晶粒分布均匀,在各个方向具有一致的密度、刚度和阻尼系数。但是由于材料的先天缺陷以及加工过程带来的新缺陷,谐振子材料参数实际上会变成圆周角 θ 的函数[2]。

假设均匀的谐振子密度为 ρ_0,则存在误差时的变密度函数为

$$\rho = \rho_0 + \delta\rho(\theta) \tag{8-1}$$

式中:$\delta\rho(\theta)$ 为非理想因素导致的材料误差,分布与圆周角 θ 有关。

由于连续的非理想密度函数不利于直接分析计算,可以利用傅里叶变换将其变为离散形式,即

$$\delta\rho(\theta) = \sum_{k=-\infty}^{+\infty} \{\delta\rho\}_k e^{ik\theta} \tag{8-2}$$

式中:k 为自然数;$\{\delta\rho_k\}$ 为傅里叶展开式系数的第 k 阶密度分量。

同理,非理想刚度的离散形式为

$$\delta K(\theta) = \sum_{k=-\infty}^{+\infty} \{\delta K\}_k e^{ik\theta} \tag{8-3}$$

式中:$\{\delta K_k\}$ 为傅里叶展开式系数的第 k 阶刚度分量。

进行离散化处理将连续的材料误差形式简化为离散点误差形式,能够为机理性分析带来方便[3]。

谐振子除了密度与刚度缺陷外,还存在着另一类重要的缺陷,即残余应力。残余应力是指工件在加工完毕后,工件内部保持的应力平衡的状态。这种残余应力对高精度零件的影响十分明显。随着时间的变化,工件的残余应力也发生着缓慢的变化,这种缓慢的变化导致工件内部应力的重新平衡,进而引起工件的形变。残余应力是影响谐振子形位精度最为关键的要素,需要通过严格的热处理进行抑制。残余内应力产生的原因主要如下:

(1)原材料本身的残余内应力。金属原材料在熔融固化过程中,形成了大小、方向不一致的晶粒,这些晶粒相互挤压作用,形成了原材料本身的内部应力。

（2）机械加工过程中的残余内应力。谐振子在加工过程中,刀具与谐振子毛坯相互作用,使部分材料从棒料上脱离,同时加工成形后的结构表面层受到刀具挤压,形成了较大的残余内应力。

（3）温度变化过程中的残余内应力。由于制造谐振子的金属材料并不是完全的弹性体,在升温或者降温的过程中,由弹性转变导致的塑性变形容易产生残余内应力。

2. 几何误差

圆柱壳体振动陀螺要求谐振子的圆度能达到微米级以内,而谐振子的壳体最薄处在0.5mm以下,属于易变形的薄壁件,因而总是会造成显著的几何误差。加工精度检测是分析和抑制几何误差的首要条件,对于谐振子,最关心的是其圆度以及壁厚的均匀性。

由于谐振子的振动为环向驻波形式,而这种模态振动易受周期性的质量分布影响,因此可以将谐振子无序的几何形貌进行有序分解,观察其内在成分。将谐振子的壁厚分解为多阶离散函数形式,即壁厚误差可以用谐波函数来表示:

$$\delta h(\theta) = h_0 + \sum_{k=1}^{\infty} (a_k \cos n\theta + b_k \sin n\theta) \tag{8-4}$$

式中:h_0为理想情况下的谐振子壁厚;a_k,b_k分别为正弦与余弦谐波的误差分量。

以一个壁厚误差约为$1\mu m$的谐振子为例,利用最小二乘算法,取谐振子的前20次谐波进行拟合,得到的拟合结果如图8-2所示。注意如果拟合的谐波阶数越多,拟合精度也就越高。可以发现,谐振子含有最大的分量为二次谐波分量(系数为0.135),表明谐振子的主要加工变形为椭圆(图8-3(a))。此外谐振子的四次谐波分量系数为0.047,该阶谐波分量主要影响谐振子的频率裂解,因为其在驱动模态与检测模态的振动质量差距最大(图8-3(b))。其他次谐波分量也会相应存在,但由于系数较小,且对谐振子的主要性能指标无直接贡献,此处不全部列出。

造成谐振子频率不匹配的主要是四次谐波形式的密度/几何误差。在密度均匀的情况下,四次谐波误差对频率裂解$\Delta\omega$的估算形式为

$$\Delta\omega \approx \omega \frac{m_4}{m_0} \approx \omega \frac{h_4}{h_0} \tag{8-5}$$

式中:m_4为四次谐波的等效振动质量;m_0为谐振子的总振动质量;h_4为四次谐波壁厚不均匀度;h_0为谐振子壁厚。

因此,如果要将谐振子的频率误差控制在一定比例内,其壁厚误差也必然要以同样的比例进行控制。考虑到20~30mm直径的谐振子工作频率通常为4000Hz左右,谐振环壁厚设计为1~2mm,如果要使初始加工误差控制在1Hz以内,则要

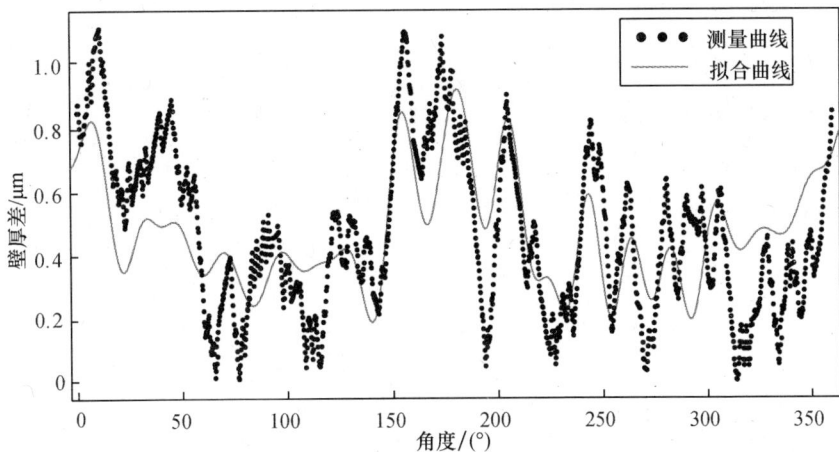

图 8-2 谐振子壁厚误差的谐波拟合结果

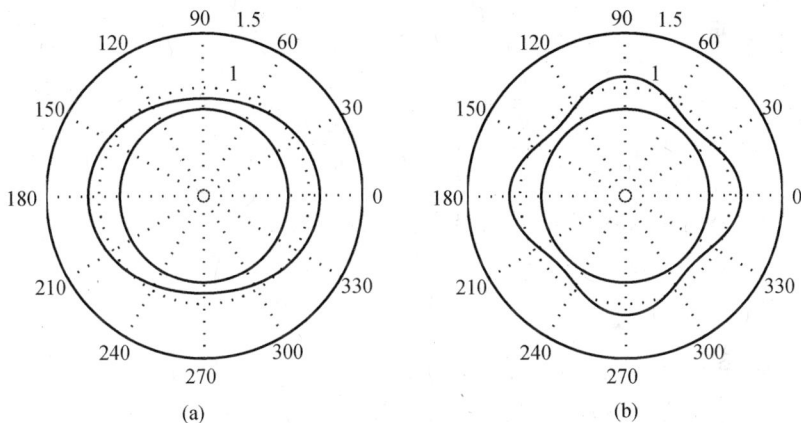

图 8-3 谐波分量所代表的几何误差形式

（a）二次谐波误差；（b）四次谐波误差。

求壁厚的四次谐波误差小于 0.5μm。

8.1.2 温度误差

1. 温度对谐振子弹性模量的影响

圆柱壳体振动陀螺的谐振子通常采用金属材料制成,通常情况下,温度对金属材料的弹性模量有很大影响。绝大多数固体会随着温度的升高而发生热膨胀,材料体积变大,原子间结合力随之减弱,直观上来说材料会渐渐变软,因此固体材料的弹性模型与温度有密切的关系,通常用弹性模量温度系数 $\beta_E(1/℃)$ 表示温度变

149

化1℃时材料的弹性模量的变化量。

$$\beta_E = \frac{dE}{EdT} \tag{8-6}$$

2. 温度对谐振子泊松比的影响

泊松比是材料横向应变与纵向应变的比值,又称为材料的横向变形系数。以长方体杆为例,当在杆的长度方向有应力 σ_x 作用时,长方体杆纵向要伸长,假设伸长量为 ε_x,横向会收缩,在 y、z 方向的收缩为

$$\varepsilon_y = \frac{l'_y - l_y}{l_y} = -\frac{\Delta l_y}{l_y} \tag{8-7}$$

$$\varepsilon_z = \frac{l'_z - l_z}{l_z} = -\frac{\Delta l_z}{l_z} \tag{8-8}$$

则材料的泊松比定义为

$$\mu = \left| \frac{\varepsilon_y}{\varepsilon_x} \right| = \left| \frac{\varepsilon_z}{\varepsilon_x} \right| \tag{8-9}$$

在圆柱壳体振动陀螺的工作过程中,陀螺内部发热与外部环境温度变化使得谐振子的不同位置温度不相同,产生了温度梯度,因此谐振子不同的体积单元会产生不同的热应力,所以 ε_y、ε_z 的值不是定值,会随着温度的变化产生微小变化,故泊松比 μ 也不是定值。

3. 温度对谐振子材料密度的影响

设谐振子单位质量 m 的体积为 V,则谐振子材料的密度为

$$\rho = \frac{m}{V} \tag{8-10}$$

当谐振子的温度改变时,单位质量的体积变为

$$V(T) = V_0(1 + \beta\Delta T) \tag{8-11}$$

式中:β 为材料的体积热膨胀系数。

将式(8-11)代入式(8-10),可以得到谐振子材料密度随温度的变化关系:

$$\rho = \frac{m}{V_0(1 + \beta\Delta T)} \tag{8-12}$$

圆柱壳体振动陀螺谐振子一般由金属材料制成,其热膨胀系数 $\beta > 0$,由式(8-12)可知,随着温度的升高,谐振子材料密度减小。当谐振子具有较大的温度梯度时,谐振子的几何尺寸的线性膨胀不均匀,造成谐振子的质心产生偏移,质心的偏移会引起圆柱壳体振动陀螺的输出漂移。

8.2　圆柱壳体振动陀螺的误差模型

陀螺的误差模型包括确定性误差模型和随机误差模型。其中,确定性误差模

型包括扰动模型(敏感物理模型中的参数变化)和环境模型(敏感环境的干扰),随机误差模型是指不确定因素引起的随机漂移。

8.2.1 确定性误差模型

1. 物理参数扰动模型

对于圆柱壳体振动陀螺而言,物理模型中的参数变化一般是由于谐振子结构非理想引起的;制造缺陷会导致刚性轴偏离驱动和检测电极,使得驱动力沿非驱动方向产生分量,引起不同模态之间的耦合,导致输出误差;在陀螺的驱动电路中,与控制回路相关的电子器件产生的制造误差会影响驱动电路的性能,进而改变了系统的参数;总之,结构制造不完善产生了最大的参数扰动误差,这些参数包括模态频率、驱动频率、刚度以及刻度因子,而物理模型参数的变化导致了陀螺的偏差 B、轴失准误差 O_A、交叉耦合误差 O_C 和滞后误差 O_H 等。

偏差 B 一般分为预热偏差 $B_T^{(t)}$ 和运行偏差 B_O,其关系可以表述为

$$B = B_T^{(t)} + B_O \tag{8-13}$$

其中预热偏差 $B_T^{(t)}$ 可以用下式来描述:

$$B_T^{(t)} = B_T(1 - e^{\frac{-t}{T_B}}) \tag{8-14}$$

式中:B_T 为预热偏差系数;T_B 为预热时间常数。

轴失准误差 O_A 是零输入条件下实际输入轴与参考输入轴之间不一致引起的误差,通常用相差的角度 α_M 或方向余弦矩阵 A_M 描述。

交叉耦合误差 $O_C(\Omega_C)$ 指垂直于输入参考轴的输入被陀螺敏感而产生的输出误差,其可以表示为

$$O_C(\Omega_C) = O_H \cdot \Omega_C \tag{8-15}$$

式中:O_C 为交叉耦合误差系数;Ω_C 为作用在非输入参考轴和敏感轴上的角速度。

滞后误差 O_H 与系统的带宽有关,指由于测量值瞬间滞后所对应的上下界的最大差值,通常等效为输入角速度偏差。

2. 环境误差模型

影响陀螺的环境因素主要包括外界加速度、外界角加速度、环境温度和压力。对于封装后的圆柱壳体振动陀螺来说,压力的影响可以忽略,则前3个因素导致了圆柱壳体振动陀螺的环境敏感漂移 E。

环境敏感漂移可表述为

$$E = E_{\dot{\Omega}} + E_G + E_{GG} + E_T \Delta T + E_{\nabla T} \nabla T \tag{8-16}$$

式中:$E_{\dot{\Omega}}$ 为角加速度敏感漂移;E_G 为加速度敏感漂移;E_{GG} 为加速度平方敏感漂移;$E_T \Delta T$ 为温度敏感漂移;$E_{\nabla T} \Delta T$ 为温度梯度敏感漂移。

温度敏感漂移 $E_T\Delta T$ 的模型一般采用试验拟合的方法确定。其二阶模型为

$$E_T\Delta T = E_{T1}(T - T_{ref}) + E_{T2}(T - T_{ref})^2 \qquad (8-17)$$

式中：T 为实际陀螺内部温度；T_{ref} 为参考温度；E_{T1}，E_{T2} 为温度敏感漂移系数。

8.2.2 随机误差模型

陀螺随机漂移是一个随机过程，通常采用自回归滑动平均（ARMA）模型的结构形式来拟合；随机漂移是衡量陀螺精度的重要指标，同时也是惯性导航系统的主要误差源之一。为了减小陀螺的随机漂移，常用的方法是建立陀螺随机漂移误差模型，然后应用卡尔曼滤波。

总结以上论述，可以将陀螺的误差源用图8-4描述

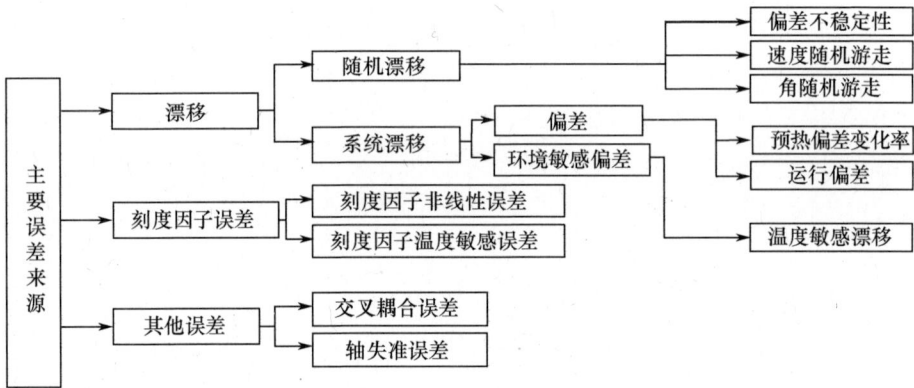

图8-4 陀螺的误差源

8.3 圆柱壳体振动陀螺的温度稳定性提升方法

针对圆柱壳体振动陀螺的特点，为了提高其温度稳定性，有以下3种方法可供选择：

（1）提高加工精度并选用高品质材料。谐振子的加工误差与材料的非理想性是圆柱壳体振动陀螺温度漂移产生的原因，因此，为了提高陀螺的温度性能，谐振子的加工精度要高，谐振子材料的均匀性以及材料机械特性的热稳定性要尽可能好。

（2）陀螺温度控制。采用一定的硬件措施使陀螺内部的温度维持恒定，通常的做法是在陀螺内部加入温控电路。温控电路一般由发热或制冷装置、温度传感器和控制电路构成，通过温控电路对陀螺的内部温度不断进行修正，可使陀螺工作在恒定温度下，大大提高陀螺的温度稳定性。但温控系统会增加陀螺的体积、重量及成本，并且，温控电路本身对圆柱壳体振动陀螺的环境温度也是一种扰动，在温

152

控电路达到稳定之前,陀螺会产生不确定的漂移,增大了陀螺的稳定时间。

（3）温度误差的软件补偿。利用软件对温度误差进行补偿的前提是陀螺的零偏随温度的变化是有规律的,并且具有较好的重复性[4]。通过温度试验测试出不同温度下陀螺的零偏,建立陀螺零偏的温度模型,将该数学模型固化到控制芯片上,对陀螺的输出进行实时补偿。该方法硬件较简单,实现起来也比较容易。但该方法一般要使用温度传感器,增加了系统的复杂程度与陀螺成本。

8.4 圆柱壳体振动陀螺的温度误差补偿

8.4.1 温度误差补偿方法

本节介绍一种软件补偿方法来改善圆柱壳体振动陀螺的温度性能[5]。传统的温度补偿方法是通过对陀螺进行温度测试建立陀螺输出与温度的数学模型,然后将模型写入温度补偿电路,通过温度传感器测量陀螺当前的工作温度,计算出补偿量对陀螺输出进行温度补偿。温度补偿可有效减小陀螺的温度漂移,但是也存在温度滞回的问题,造成温度补偿的精度不够高。

陀螺输出的温度滞回效应如图 8 – 5 所示,其主要原因是温度测量误差引起的。由于温度传感器测量的温度与陀螺谐振子的真实温度之间存在一定的滞后效应,造成陀螺输出与温度测量值之间的升降温曲线不重合。为了克服温度测量的滞后效应,采用频率测量的方法来标定陀螺的温度。谐振频率是谐振子的固有特性,能实时反映谐振子的真实温度。圆柱壳体谐振子的谐振频率与温度的对应关系如图 8 – 6 所示。可见,谐振子的谐振频率与温度之间基本成线性关系。

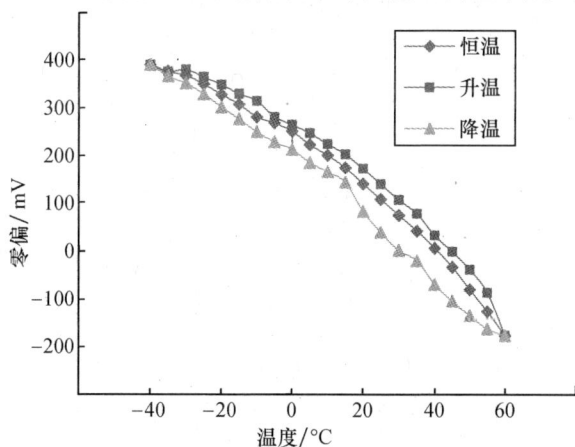

图 8 – 5 陀螺输出的温度滞回效应

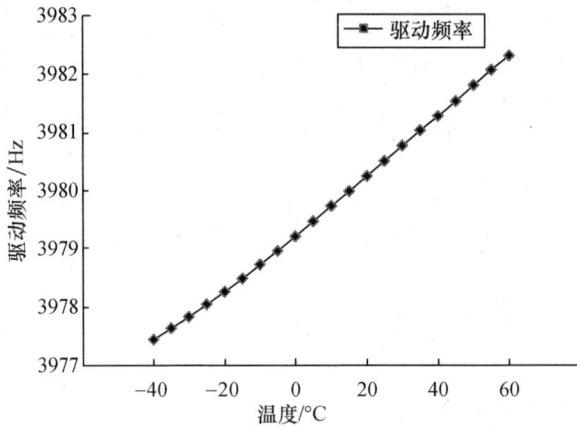

图 8-6 谐振子谐振频率与温度的对应关系

图 8-7 是连续变温过程中陀螺温度与驱动频率和零偏的关系曲线。从图中可以看出,随着温度的变化,驱动频率与零偏均随之而变,驱动频率曲线的拐点与零偏曲线的拐点在时间轴上非常接近,可见驱动频率与零偏之间的延迟非常小,两者之间的变化几乎是同步的,说明驱动频率可以及时反映温度变化引起的零偏漂移。因此,可以选择驱动频率作为圆柱壳体振动陀螺的补偿参数对陀螺输出进行实时补偿。

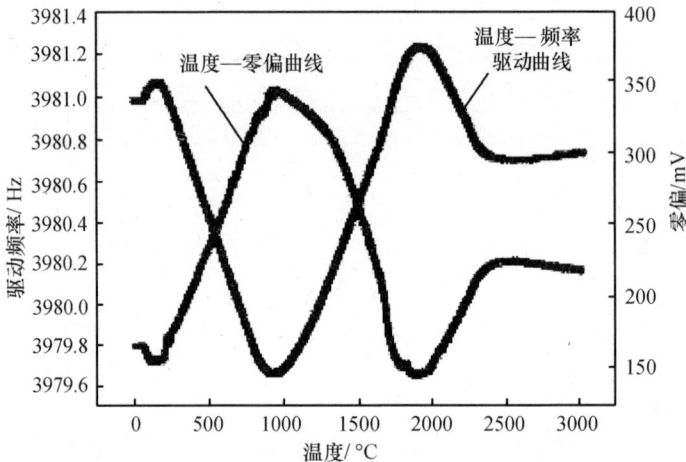

图 8-7 陀螺温度与驱动频率和零偏的关系曲线

8.4.2 温度补偿系统构成

利用零偏—驱动频率模型对圆柱壳体振动陀螺进行补偿,可以避免使用温度传感器,既降低了系统的复杂程度,又提高了补偿的实时性。但该方法也有一定的局限性,高精度的频率测量较难实现,同时,在陀螺的工作过程中,谐振频率会受其他因素影响产生微小变化。而采用温度传感器进行温度补偿的方法非常成熟,在工程上易于实现,且谐振子温度不受其工作状态的影响,也具有实际的应用价值。

温度补偿的总体思路是:由温度实验建立圆柱壳体振动陀螺的温度模型,由多项式拟合得到全温区内圆柱壳体振动陀螺的零偏与温度或驱动频率的数学表达式;将数学表达式写入微控制器的存储器。补偿过程中,实时测量陀螺的温度或者驱动频率,微控制器利用数学表达式计算出补偿量,陀螺的输出减去补偿量后即得到补偿后的陀螺输出信号。

温度补偿系统的总体结构如图8-8所示。温度传感器测得的温度数据或者从陀螺驱动电路中采集到的频率信号送入单片机,单片机内集成了A/D、D/A模块,将计算得到的补偿量经D/A转换后输出,陀螺的零偏信号减去单片机输出的补偿量即得到补偿后的输出。单片机是整个系统的核心,所有的数据处理工作都在此进行。

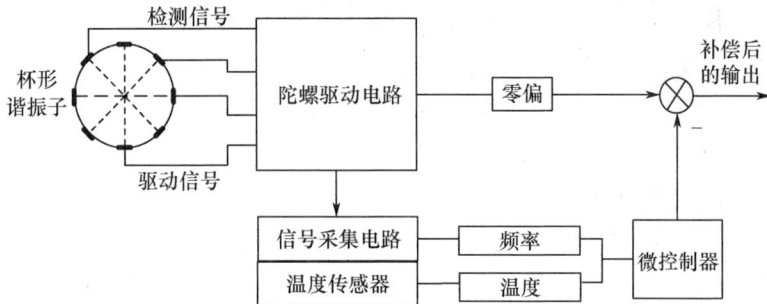

图8-8 温度补偿系统的总体结构

8.4.3 温度补偿系统的硬件实现

温度补偿电路的硬件电路设计主要包括单片机外围电路设计、温度传感器电路设计以及补偿输出电路设计。

1. 单片机外围电路设计

单片机是整个系统的核心,其主要功能是:读取温度传感器数据,对数据进行处理,数据输出。以基于C8051的单片机设计为例,单片机的引脚配置及外围电路如图8-9所示。

图8-9中,单片机的P0.2、P0.3、P0.6被配置为SPI接口功能,分别对应SPI的SCK、MISO、MOSI,用于单片机与温度传感器的通信。P0.4、P0.5配置为串口通信功能,用于必要时与上位机进行串口通信。C2CK与C2D为片内Silicon Labs二线(C2)开发接口,用于对单片机进行非侵入式(不占用片内资源)、全速、在系统调

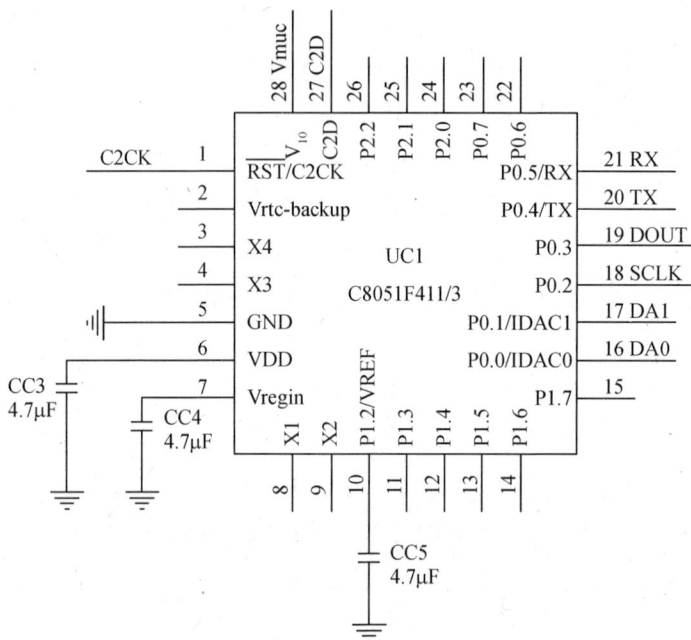

图 8 - 9　C8051F411 单片机引脚配置

试。P0.0、P0.1 引脚配置为单片机的 DA 输出口,输出计算出的补偿量,两个 DA 分别为正、负补偿量。为了减小电路功耗,使用单片机的内部振荡器。

2. 温度传感器电路设计

温度传感器的使用方法较简单,除了电源和地,只需将其数据传输引脚 DOUT 和时钟引脚 SCLK 与单片机的 SPI 接口的 SCK 和 MISO 相连接即可,温度传感器的 DIN 和 CS 引脚接地,使温度传感器一直处于工作状态,如图 8 - 10 所示。

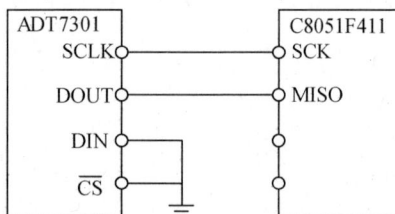

图 8 - 10　ADT7301 温度传感器电路

由前述分析知,温度传感器所测量的温度与谐振子的真实温度有一定的差距,这个温差导致了零偏温度的回滞现象。温度测量是否准确,是影响温度补偿精度的关键因素。为了减小回滞、改善补偿效果,温度传感器的位置应布置合理,使传感器测得的温度与谐振子的真实温度尽可能接近,如图 8 – 11 所示。

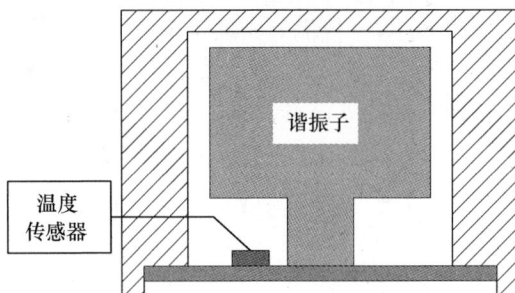

图 8 – 11　温度传感器安装图

3. 补偿输出电路设计

补偿输出电路的主要功能是将陀螺输出减去单片机输出的补偿量,然后滤波作为最终输出。电路原理图如图 8 – 12 所示。

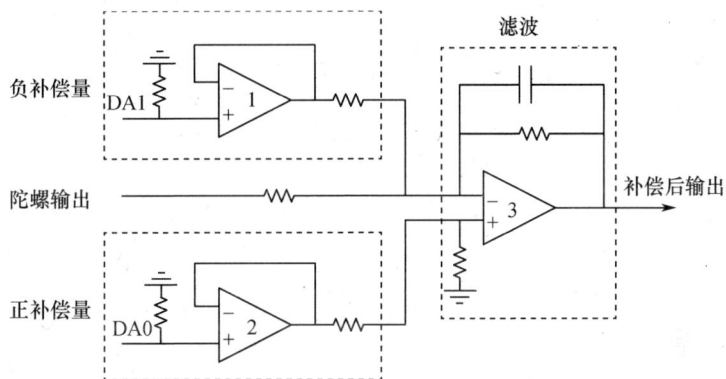

图 8 – 12　补偿输出电路

图 8 – 12 中,DA0 与 DA1 为单片机的 DA 输出,由于 C8051F411 单片机内的两个 DA 均为电流型,故其输出模拟量为电流,而陀螺的输出量是电压,所以需要先将单片机的 DA 输出转换成电压量,这里利用两个阻值为 1kΩ 的精密电阻分别将两路 DA 的电流输出转换为电压输出。运算放大器 1 和 2 的反相输入端与输出端短接,它们并不起放大作用,而是利用了运算放大器的"虚短、虚断"性质构成电压跟随器,使放大器的输出电压等于同相输入端的电压即补偿电压,并且它们之间的阻值为无穷大,使得补偿电压不被分压。负补偿量与陀螺输出接入运算放大器 3 的反相输入端,正补偿量接入运算放大器 3 的同相输入端,放大器 3 将 3 路输入叠加并进行滤波,得到补偿后的输出。

157

4. 程序设计

程序设计的基本思路:首先,读取温度传感器的温度数值,利用温度漂移模型计算得到补偿量,将补偿量送入单片机内 DA 转换寄存器,若补偿量为正,则送入 DA0 寄存器,若补偿量为负,则送入 DA1 寄存器,补偿量经 DA 转换后输出。

程序采用定时器控制补偿量的输出间隔时间,由于每次读取的温度值有微小差异,因此,计算得到的补偿量也不同,如果输出间隔时间过短,相当于在陀螺的输出上增加了一个噪声,所以,输出间隔时间要稍长一点。温度传感器精度有限,为了能更准确地测量温度,取连续测量的 100 次温度值的平均值作为当前的温度值。

零偏—温度补偿程序流程图如图 8-13 所示。

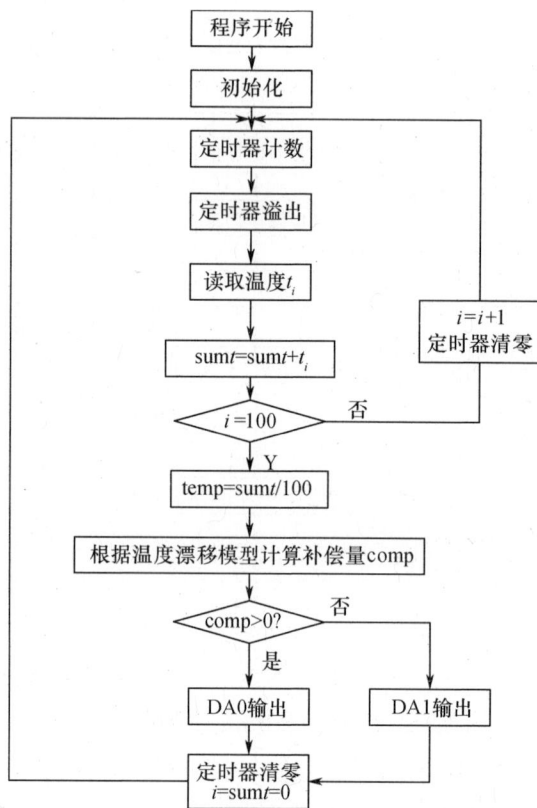

图 8-13 零偏—温度补偿程序流程图

8.4.4 基于零偏频率模型的温度补偿系统

1. 频率测量方法

基于零偏—频率模型的温度补偿系统的核心问题是如何准确地测量频率。目前采用的测频方法有直接测频法、直接测周法和等精度测频法。直接测频法是指在一定时间间隔 T 内测出待测信号重复变化的次数 N,则被测信号的频率为: $f_x = N/T$。测频法在高频段的精度较高,但在低频段的精度较低。直接测周法是指在被测信号的一个周期内,测出标准高频信号 f_s 的个数 N,则被测频率: $f_x = f_s/N$。测周法在低频段精度较高,但在高频段精度较低。而等精度测量法则可在整个频率测量范围内保持恒定的测量精度,且测量精度较高。

等精度测频法原理框图如图 8 – 14 所示。

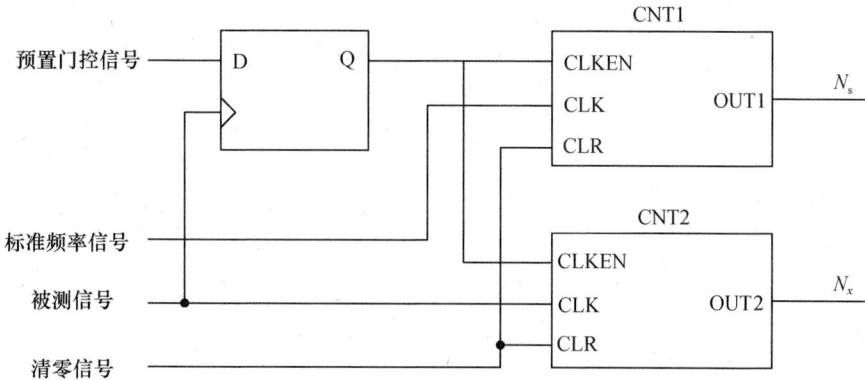

图 8 – 14 等精度测频法原理框图

图 8 – 14 中,预置门控信号是宽度为 T_{pr} 的一个脉冲,CNT1 与 CNT2 是两个可控计数器。标准频率信号的频率为 f_s,从 CNT1 的时钟输入端 CLK 输入。被测信号的实际频率设为 f_x,经整形放大后从 CNT2 的 CLK 端输入,同时输入到 D 触发器。当预置门控信号为高时,整形后的被测信号通过 D 触发器的 Q 端同时启动计数器 CNT1 和 CNT2。两个计数器同时开始分别对标准频率信号和被测信号计数。当预置门控信号为低时,随后而至的被测信号的上升沿将使两个计数器同时关闭。实际闸门时间不是固定值而是待测频率的整周期的数倍,即与待测频率信号同步,如图 8 – 15 所示。

在等精度测频法中,实际闸门时间为 N_x/f_x。如果标准频率为 f_s,则闸门时间可以近似表示为 N_s/f_s,则有

$$\frac{N_x}{f_x} = \frac{N_s}{f_s} \Rightarrow f_x = \frac{N_x}{N_s} \times f_s \tag{8-18}$$

等精度测频法的测量精度与预置门宽度和标准频率有关,而与被测信号的频率无关。因此,消除了对待测频率信号计数所产生的 ±1 误差,并且达到了在整个测试频段的等精度测量。增大预置闸门时间 T_{pr} 或标准频率 f_s 可以增大 N_s,减少测量误差,提高测量精度。

159

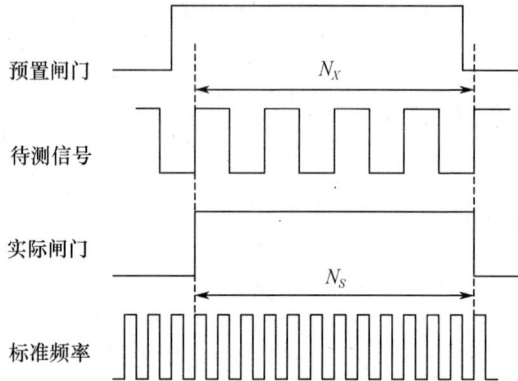

图 8 – 15 等精度测频法信号图

若标准频率为 10MHz, 待测信号约为 4000Hz, 选择预置闸门时间为 1s, 则该测量方法的测量误差为

$$\Delta f = \left(\frac{N_x}{N_s} - \frac{N_x}{N_s + 1} \right) f_s = \left(\frac{4000}{10^7} - \frac{4000}{10^7 + 1} \right) \times 10^7 = 4 \times 10^{-4} (\text{Hz}) \quad (8 - 19)$$

可见, 该方法的测频精度比较高, 理想情况下能达到 10^{-4} Hz 量级。

2. 系统的实现

1) 整体结构

系统将待测信号、标准频率信号的计数、预置门控信号的产生、频率的计算、补偿量的计算及 DA 输出等功能全部用单片机实现, 简化了测量电路。选用 C8051F411 单片机作为整个系统的核心, 该单片机内部有 PCA 可编程计数器阵列可以实现对待测信号及标准频率信号的计数。标准频率信号的精度对频率的测量结果有直接影响, 选用高精度的温补晶振作为标准频率信号, 也作为单片机的系统时钟。零偏—频率补偿系统框图如图 8 – 16 所示。

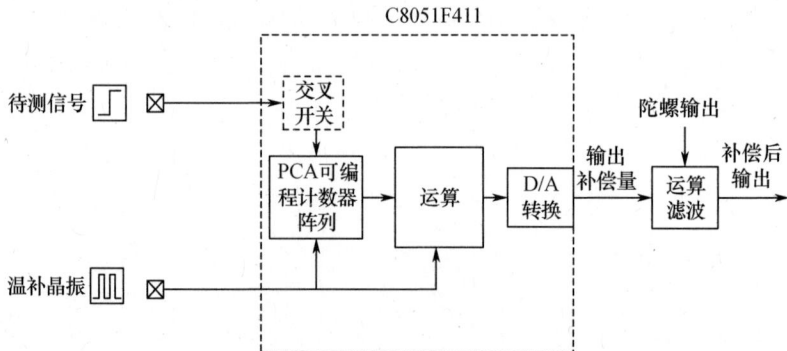

图 8 – 16 零偏—频率补偿系统框图

2）工作原理

利用 C8051F411 单片机的 PCA 计数器功能实现频率的等精度测量。C8051F411 的 PCA 由一个专用的 16 位计数器/定时器和 6 个捕捉/比较模块组成。其结构如图 8 – 17 所示。

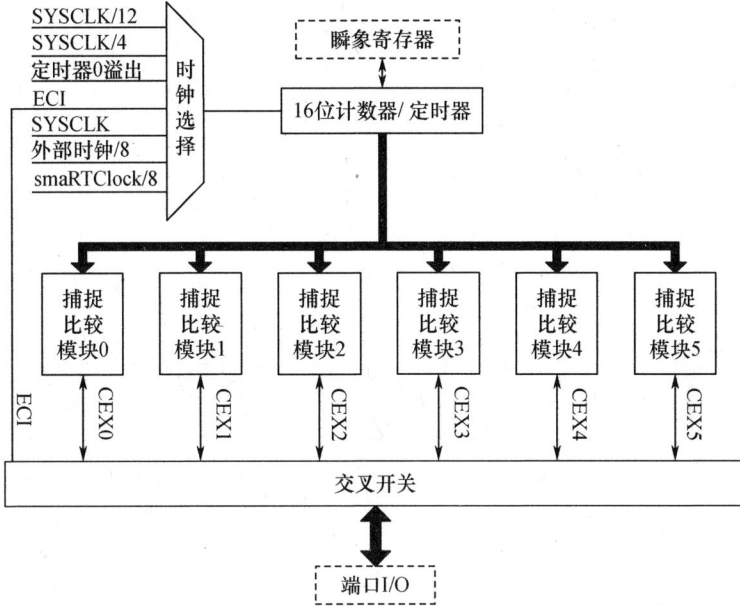

图 8 – 17　PCA 计数器框图

PCA 计数器的时钟有多种选择，可以通过设置特殊寄存器的值来实现，这里，单片机的系统时钟设置为外部时钟即温补晶振。PCA 的 16 位计数器一直处于工作状态，瞬象寄存器可以自动锁存计数器寄存器的值，在读 16 位计数器的值时，不影响计数器的工作。

PCA 的捕捉比较模块可以工作在多种模式：边沿触发捕捉、软件定时器、高速输出、频率输出、8 位 PWM 和 16 位 PWM。捕捉比较模块工作在边沿触发捕捉模式。在该方式下，当 CEXn 引脚上出现电平的跳变时，PCA 将捕捉 PCA 计数器的值并将其装入对应模块的捕捉/比较寄存器（PCA0CPLn 和 PCA0CPHn），通过设置特殊寄存器的值可以确定上升沿触发或者下降沿触发。PCA 的捕捉方式原理如图 8 – 18 所示。

利用 PCA 测量信号频率的工作过程：将 PCA 的捕捉/比较模块设置为边沿触发捕捉模式，待测信号通过 I/O 口输入。当待测信号上升沿到来时，产生一个 PCA 中断，同时 PCA0 计数器寄存器的值被装入 PCA0CP 寄存器，在 PCA 的中断服务程

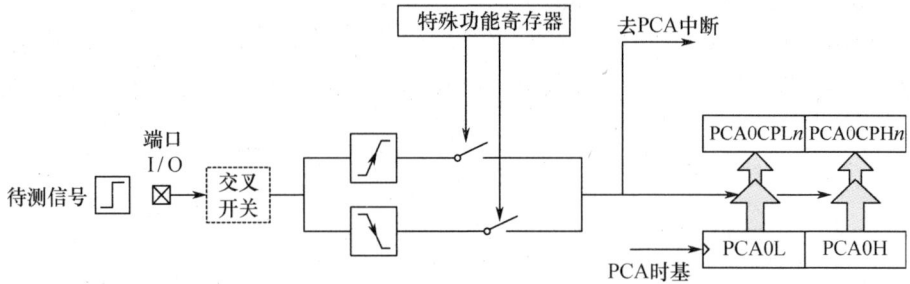

图 8-18 PCA 捕捉方式原理

序中读取 PCA0CP 寄存器的值,PCA 的时基选择为系统时钟即温补晶振的信号。当待测信号的下一个上升沿到来时,同样产生一个 PCA 中断,并将 PCA0 计数器的值装入 PCA0CP 寄存器,将此时 PCA0CP 寄存器的值减去上一个上升沿到来时 PCA0CP 寄存器的值即为一个待测信号周期内 PCA 时基的标准频率信号的个数。将 PCA0CP 寄存器的多次差值累加起来,得到 N_x 个待测信号周期内标准频率信号的个数 N_s,即可算出待测信号的频率。

假设圆柱壳体振动陀螺的谐振频率为 4000Hz,选取 10MHz 的温补晶振作为标准频率信号即单片机的系统时钟,那么在一个陀螺驱动信号周期内,标准频率的个数约为 2500 个。PCA 计数器为 16 位,其计数范围为 0 ~ 65535,因此,在一个待测信号周期内,PCA 计数器最多溢出一次。由于 PCA 寄存器的值为无符号数,可以用直接相减的办法得到一个待测信号周期内的标准频率的信号个数。

假设预置门控时间为 1s,这期间驱动信号的个数约为 4000 个,标准频率的个数约为 10^7 个,可以在程序中定义一个无符号长整形变量来存储标准频率的个数,由于 C8051F411 单片机中,无符号长整形数的位数为 32 位,故该变量的最大值为 $2^{32} - 1 \approx 4.3 \times 10^9$。因此,设置预置门控时间为 1s 是可以实现的。

测频误差的计算:等精度测频法中,实际门控时间是待测信号周期的整数倍,在该段时间内,标准频率的个数可能会有 ±1 个的误差。假设在 4000 个待测信号周期内,标准频率个数的误差为 1 个,同时考虑到标准频率信号来自温补晶振,它的频率并不是完全不变的,例如选用的 10MHz 的温补晶振,其全温区频率精度在 2×10^{-6} 以内,频率的最大变化量为 20Hz,那么,由此产生的测频误差为

$$\Delta f = \left(\frac{N_x}{N_s} - \frac{N_x}{N_s + 21} \right) f_s = \left(\frac{4000}{10^7} - \frac{4000}{10^7 + 21} \right) \times 10^7 = 8.4 \times 10^{-3} (\text{Hz}) \quad (8-20)$$

3) 程序设计

单片机上电后,先对各寄存器进行初始化,并初始化各变量,然后开始等待待测信号的上升沿触发 PCA 中断,在 PCA 中断服务程序中完成频率和补偿量的计

162

算。图 8 - 19 为零偏—频率模型补偿程序流程图。

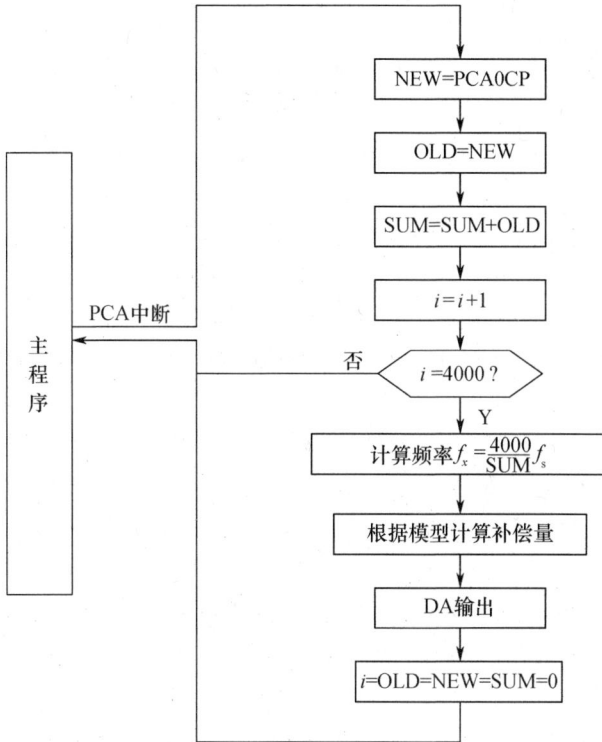

图 8 - 19　零偏—频率模型补偿程序流程图

参 考 文 献

[1] WANG X, WU W Q, FANG Z, et al. Temperature drift compensation for hemispherical resonator gyro based on natural frequency[J]. Sensors, 2012, 12(5): 6434 - 6446.

[2] 席翔. 杯形波动陀螺零偏漂移机理及其抑制技术研究[D]. 长沙：国防科学技术大学, 2014.

[3] CHOI S Y, KIM J H. Natural frequency split estimation for inextensional vibration of imperfect hemispherical shell[J]. Journal of Sound and Vibration, 2011, 330(9): 2094 - 2106.

[4] CHIKOVANI V, YATSENKO Y A, BARABASHOV A, et al. Thermophysical parameters optimization of metallic resonator CVG and temperature test results[C]. Proceedings of the Petersburg Conference on Integrated Navigation Systems, S Petersburg: 2007.

[5] 张勇猛. 杯形陀螺的温度特性及其补偿方法研究[D]. 长沙：国防科学技术大学, 2012.

内 容 简 介

圆柱壳体振动陀螺是一种重要的科里奥利振动陀螺,有着广阔的发展与应用前景。本书从谐振子结构、工作原理、制造工艺与控制理论等方面系统地介绍了这种陀螺。本书的主要内容包括:圆柱壳体振动陀螺的工作原理与结构、理论分析与建模、动力学分析与建模、制造、谐振子的参数测试方法、全闭环控制、误差机理与补偿。

本适合作为陀螺或惯导系统研究人员的专业技术参考资料,也可作为机械工程、导航等学科高年级本科生或研究生了解惯导器件的辅助教材。

Cylindrical vibratory gyroscope is an important kind of Coriolis Vibratory Gyroscope which has a great prospect of development and application. This book mainly introduces the resonator, operating principle, manufacture process, and control theory of the cylindrical vibratory gyroscopes. Main contents are as follows: operating principle and structure, theoretical analysis and modeling, dynamic analysis and modeling, manufacture process, parameter test method, closed – loop control, error mechanism and compensation of the cylindrical vibratory gyroscope.

This book can be used as technical reference for researchers who work on gyroscopes or inertial guidance systems. Also, it can be a supplementary textbook for senior undergraduates or graduate students who major in mechanical engineering and navigation, etc.